Das Wohlfühlbuch für
Wohnungskatzen

Das Wohlfühlbuch für *Wohnungskatzen*

Was Katzen sich wünschen

von

Susanne Vorbrich

Copyright© 2012 by Cadmos Verlag, Schwarzenbek
Gestaltung und Satz: jb:design – Johanna Böhm, Dassendorf
Lektorat: Anneke Bosse

Titelfoto: Ulrike Schanz
Fotos im Innenteil: Björn Cuber, Hans-Joachim Rudolph, Ulrike Schanz, Susanne Vorbrich

Druck: Grafisches Centrum Cuno, Calbe

Deutsche Nationalbibliothek – CIP-Einheitsaufnahme
Die Deutsche Nationalbibliothek verzeichnet diese Publikation in der
Deutschen Nationalbibliografie; detaillierte bibliografische Daten sind
im Internet über http://dnb.ddb.de abrufbar.

Printed in Germany

ISBN 978-3-8404-4012-0

Inhalt

„Gott schuf die Katze, damit der Mensch einen Tiger zum Streicheln hat.

(Victor Hugo)

Bin ich ein Typ für die
Wohnungskatze?

*K*atzen sind für die meisten Menschen der Inbegriff von Eleganz und Lebensart. Sie sind irgendwie geheimnisvoll, strahlen Ruhe und Gelassenheit aus, sind wild, stolz und unabhängig und vergeben sich doch nichts dabei, wenn ihr Futter aus der Dose kommt und ihre Höhle ein alter Pappkarton oder ein ausrangierter Pullover ist. Kurz: Sie sind ein wenig so, wie wir alle gern wären. Ihre Anmut und ihr Eigensinn erfüllen uns mit Neid, und es macht uns stolz, wenn ein so unnahbares Wesen uns seine Zuneigung schenkt.

Außerdem haben Katzen medizinisch erwiesen einen positiven Einfluss auf unsere Gesundheit. Der Blutdruck sinkt, das Immunsystem wird gestärkt, wir fühlen uns ausgeglichener, entspannter und einfach rundum wohl, wenn wir uns mit „unserer" Katze beschäftigen. Eigentlich müsste es also Katzen auf Rezept geben.

Auf der anderen Seite sind Katzen von Natur aus Raubtiere, die dafür gemacht sind, in Feld, Wald und Flur umherzustreifen und auf Beutezug zu gehen. Dass es dennoch möglich ist, sie ausschließlich in einer Wohnung zu halten und ihnen dabei ein glückliches Leben zu ermöglichen, ist das Thema dieses Buches. Katzen sind erstaunlich anpassungsfähig, und mit dem nötigen Wissen und einigen Handgriffen können Sie Ihre Wohnung in ein tolles Katzenrevier umwandeln.

Wichtigste Voraussetzung: Man behält immer im Kopf, dass Katzen einfach anders sind. Alle. Sie sind scheu oder kess, gesellig oder eigenbrötlerisch, anschmiegsam oder unnahbar, elegant oder tapsig, manchmal auch alles gleichzeitig. Sie haben ihre absolut eigenen Vorstellungen von einem gelungenen Leben. Sie beleben das Heim im wahrsten Sinne des Wortes und eignen sich keineswegs als nette Dekoration desselben.

Außerdem haben Katzen eine ganz individuelle Idee von Ordnung. So sehr sie auch Wert auf einen recht geregelten Tagesablauf legen, so sehr lieben sie eine gewisse Unordnung, die für sie gleichbedeutend mit Abwechslung, spannenden Erkundungsmöglich-keiten und Spielvergnügen ist. Die durchge-stylte Designerwohnung mit dem flauschigen weißen Teppich und dem neiderregenden wei-ßen Ledersofa, auf dem die edle Katze mit un-nachahmlicher Eleganz liegt, ist ein Klischee aus dem Lifestylemagazin.

Doch keine Sorge: Ihre Katze ist sehr ge-duldig mit Ihnen. Sie wird nicht böse, wenn Sie nicht gleich das Quäntchen Nachlässig-keit mit in die Beziehung bringen, das für das Wohlgefühl im Zusammenleben so wichtig ist. Sie wird es Ihnen nach und nach schon beibringen, und sie wird Ihnen, wenn sie mit verstaubtem Fell hinter einem Schrank her-vorkommt, niemals auch nur einen einzigen vorwurfsvollen Blick zuwerfen.

Nur eines sollten Sie Ihrer Wohnungs-katze keinesfalls antun: Lassen Sie sie nicht den ganzen Tag allein. Katzen sind wirklich nichts für Workaholics, die 13 Stunden am Tag arbeiten, danach noch etwas essen gehen und am Wochenende mit Terminen zugestopft sind, weil sie ja irgendwann auch leben möch-ten. Für häufig Reisende, die das halbe Jahr fern der Heimat verbringen, ist eine Katze ebenfalls nicht das geeignete Haustier. Ge-rade Wohnungskatzen binden sich meist sehr stark an ihre Menschen. Schließlich sind die Mitbewohner der Wohnung der einzige Sozi-alkontakt, den sie haben.

Eine Katze benötigt Aufmerksamkeit und Zuwendung, um Freude und Abwechslung in ihren Tagesablauf zu bekommen, zumindest jedoch Ihre Anwesenheit, selbst wenn sie einen Artgenossen hat, mit dem sie ihr Zuhause teilt.

Ab dem Moment, wenn eine Katze in Ihre Wohnung einzieht, übernehmen Sie die volle Verantwortung für ein neues Familienmitglied und sollten auch die entsprechende Zeit für Betreuung und Pflege langfristig einplanen.

Nur im Morgengrauen bei strömendem Re-gen Gassi zu gehen, das bleibt Ihnen mit ei-ner Wohnungskatze erspart.

Es ist gleichgültig, ob eine Katze schwarz oder weiß ist, Hauptsache, sie fängt Mäuse.

(Deng Xiaoping)

Die *richtige Katze*

Hauskatze oder Rassekatze?

Oft sind es Äußerlichkeiten, die uns als Erstes für eine bestimmte Katze oder eine Rasse einnehmen. Für eine harmonische Beziehung sind die inneren Werte allerdings viel wichtiger. Am besten für die Wohnungshaltung eignet sich eine freundliche, aufgeschlossene Katze, die sich gut in das Leben mit ihren Menschen einfügt. Dies gelingt vorallem Katzen, die im engen Kontakt mit Menschen und im Idealfall ebenfalls in einer Wohnung groß geworden sind.

Die normale Hauskatze, die sogenannte Europäisch Kurzhaar, ist zumeist eine recht robuste und unkapriziöse Persönlichkeit, die sich fast überall zurechtfindet. Vielleicht möchten Sie eine Katze einer besonderen Rasse haben? Manchen Katzenrassen werden bestimmte Charaktereigenschaften nachgesagt, andere sind durch die Werbung regelrecht in Mode, weil sie so hübsch aussehen.

Karthäuser, Perserkatzen und Britisch Kurzhaar etwa sind eher ruhige, anschmiegsame Vertreter ihrer Spezies. Siamesen hingegen gelten als quirlig, agil und manchmal als richtige Quasselstrippen. Waldkatzen und Maine Coons sind freundliche und majestätische Wesen, die „so richtig etwas hermachen".

Informieren Sie sich bei Interesse für eine bestimmte Rasse bei Züchtern und mithilfe von Büchern über diese Tiere. Bedenken Sie aber: Der Stammbaum ist keine Garantie dafür, dass gerade Ihr Wohnungsgenosse all die seiner Rasse zugeschriebenen Eigenschaften auch wirklich aufweist.

Wenn Sie sich für eine Rassekatze entscheiden, achten Sie darauf, sie bei einem verantwortungsvollen Züchter zu kaufen, wo die Tiere Familienanschluss haben und nicht etwa in der Garage gehalten werden und die Mutterkatze pro Jahr drei Würfe hat. Finger weg von den Katzen, die Sie nicht zuvor in ihrem Heim besuchen dürfen, oder gar von auf Märkten im Ausland angebotenen, erbarmungswürdigen Kätzchen. Mit großer Wahrscheinlichkeit ist das Kätzchen krank, außerdem würden Sie durch Ihren Kauf verantwortungslose Züchter in ihrem Tun bestärken.

Wichtig für die Wahl der geeigneten Katze ist die Analyse Ihrer persönlichen Lebensumstände: Sind Sie viel zu Hause oder oft unterwegs? Leben Sie allein oder gehört eine große Familie zum Haushalt? Gibt es schon andere Haustiere? Mit viel Geduld lässt sich fast jede Katze in jeder Umgebung eingewöhnen, aber das kann eine Menge Zeit und Nerven kosten. Einfacher ist es, eine Katze aufzunehmen, die

Ob Rassekatze oder „ganz normale" Hauskatze: Ihr Stubentiger wird garantiert für Leben in Ihrem Zuhause sorgen. (Foto: Schanz)

aus ähnlichen Umständen kommt, wie sie sie auch bei Ihnen vorfinden wird.

Dieses bedeutet allerdings nicht, dass nicht auch eine junge Katze hervorragend mit Ihrem Baby auskommen kann, die scheue Katze gerade Sie nach einer Eingewöhnungszeit zum besten Freund erklärt oder eine Katze aus ruhiger Einzelhaltung inmitten einer Großfamilie mit vielen Tieren förmlich aufblüht. Wie gesagt: Jede Katze ist eine Persönlichkeit, die immer wieder überraschen kann. Die hier gegebenen Hinweise sind deshalb lediglich ein Leitfaden.

Was hingegen generell gilt: Nehmen Sie als „Katzenanfänger" keine Katze aus Mitleid! Sitzt im Tierheim eine Mieze immer fauchend in der Ecke? Sieht sie ganz mickerig aus? Ist das arme Kätzchen krank, wird als aggressiv

oder sehr scheu beschrieben? Wenn Sie bereits Erfahrung mit Katzen haben und über Zeit, Geld und Nerven verfügen, ist es wunderbar, solche armen Wesen aufzupäppeln, vielleicht sogar wieder starke und selbstbewusste Katzenpersönlichkeiten hervorzukitzeln. Andernfalls: Finger weg! Weder Sie noch die Katze werden glücklich.

Jung und wild oder erwachsen und gesittet?

Katzenkind

Junge Katzen sind einfach niedlich, stellen jedoch besondere Ansprüche an ihr Zuhause und ihre Menschen – sie kosten eindeutig mehr Zeit, mehr Nerven und oft auch mehr

Man kann kaum glauben, was Katzenkinder alles aushecken können. (Foto: Schanz)

Geld als eine ausgewachsene Katze. Anderseits sind sie sehr gut an andere Katzen oder auch Hunde zu gewöhnen. Katzenkinder sollten nicht vor Abschluss der zwölften Lebenswoche von der Mutter getrennt werden. Eine besonders enge Bindung zum Menschen haben fast immer die sogenannten „Handaufzuchten", also Katzenkinder, die, aus welchen Gründen auch immer, ohne Katzenmutter, nur von Menschen großgezogen wurden. Die enge Bindung dieser Katzen an den Menschen kann toll sein, wenn man viel Zeit und Geduld für die Katze hat. Eine stets anhängliche Katze kann aber auch zur kleinen Nervensäge werden. Außerdem entwickelt sich manches Kätzchen, das nie von erwachsenen Artgenossen ein richtiges Katzenverhalten gelernt hat, zu einem kleinen neurotischen Familien-

tyrannen, der meint, das Leben drehte sich nur um ihn.

Bevor das Katzenkind ins Haus kommt, müssen Sie Ihre Wohnung entsprechend vorbereiten: Verbauen Sie Löcher und Ritzen besonders gut, sonst müssen Sie eines Tages die Schrankwand abbauen, um das kleine Kätzchen wieder hervorzuholen. Keine Wand ist zu glatt, kein Schrank zu hoch, kein Vorhang zu dünn und keine Pflanze zu klein, um nicht wenigstens den Versuch einer Besteigung zu riskieren. Auch werden Ihre Hände und Arme gerade während der Katzenkindheit häufig mit oberflächlichen Kratzern bedeckt sein. Die Kleinen haben sehr spitze Krallen, die sie oft noch sehr unbedarft einsetzen.

Auch der Appetit ist ungeheuerlich. Solange Katzen noch wachsen, benötigen sie sehr viel

Je nach den künftigen Wohnumständen ist es sinnvoll, auf bestimmte Charaktereigenschaften und die Vorgeschichte der Katze zu achten. So ist auch ein Zusammenleben von Katze und Hund durchaus möglich. (Foto: Schanz)

Futter (und somit auch Katzenstreu) und fressen obendrein fast alles, was ihnen unter die Zähne kommt. Leider eben nicht nur Katzenfutter, sondern Kartoffeln, Knoblauchquark, Weihnachtskekse, Plastiktüten, Schuhbänder, ungeöffnete Briefe und Kabel, um nur einige Dinge aufzuzählen. Ein Katzenkind längere Zeit mit Langeweile allein zu lassen heißt, die Wohnung der Verwüstung preiszugeben. Sie denken, ich übertreibe? Nun, vielleicht, aber wirklich nur ein ganz kleines bisschen.

Ausgewachsene Katze

Eine erwachsene Katze ist eine richtige Persönlichkeit. Je positiver die bisherigen Erfahrungen mit Menschen waren, umso besser ist dies für eine harmonische Katze-Mensch-Beziehung.

Die Gründe dafür, dass erwachsene Katzen abgegeben werden, sind vielfältig: Manchmal ist eine Allergie daran schuld, dass eine Katze nicht mehr bei ihrer Familie bleiben kann. Vielleicht darf die Katze nicht mit in eine neue Wohnung, Herrchen oder Frauchen sind verstorben, oder die Katze stört, weil in der alten Familie Zeit oder Geld fehlen, ein neuer Lebenspartner oder auch nur ein neues Ledersofa einzieht.

Versuchen Sie vor der Aufnahme einer solchen Katze so viel wie möglich über ihr Vorleben zu erfahren. Zugegeben: Antworten zu bekommen ist oftmals schwierig, besonders wenn es sich um Tiere vom Tierschutz handelt. Dennoch finden sich hier liebenswerte und unkomplizierte Samtpfoten, die nur auf eine neue Chance mit neuen Menschen war-

Im Tierheim warten viele Katzen auf eine neue Chance. (Foto: Vorbrich)

Das Thema Zeit und Geld

In Ihren vierbeinigen Mitbewohner müssen Sie investieren – und zwar sowohl Zeit als auch Geld. Die Katze selbst, die Erstausstattung, das Futter, Katzenstreu und Tierarztbesuche können den Geldbeutel ganz schön schröpfen. Kalkulieren Sie vor der Anschaffung einer Katze genau, ob Sie dauerhaft das nötige Geld aufbringen können. Die meisten Posten lassen sich gut berechnen, doch falls die Katze ernsthaft krank wird, sind unter Umständen hohe Tierarztrechnungen zu begleichen. Eventuell lohnt es sich, eine Tierkrankenversicherung abzuschließen. Erkundigen Sie sich allerdings im Vorfeld genau nach den Konditionen und Leistungen.

Mindestens ebenso wichtig wie das Finanzielle ist die Zeit, die Sie für Ihre Katze einplanen sollten. Der Stubentiger braucht zwar keine Rund-um-die-Uhr-Betreuung, möchte aber auch nicht ständig nur „abgefertigt" werden. Mindestens eine Stunde Beschäftigung mit der und für die Katze sollten Sie einplanen für das Füttern, das Reinigen der Katzentoiletten, für Streichel- und Spieleinheiten sowie die Fellpflege.

Und wer versorgt die Katze, wenn Sie verreisen? Können und wollen Freunde, Verwandte oder Nachbarn die Katze während Ihrer Abwesenheit zweimal täglich besuchen, versorgen, die Toiletten reinigen und mit ihr spielen? Optimal ist tatsächlich die Versorgung in den eigenen vier Wänden – eine Aufgabe, die auch ein Catsitter oder professioneller Haushüter übernehmen kann. Erst wenn alle diese Möglichkeiten nicht in Betracht kommen, sollten Sie sich rechtzeitig nach einer vertrauenswürdigen Katzenpension umschauen.

ten. Sie sind in der Lage, sich neuen Gegebenheiten anzupassen. Dass man eine erwachsene Katze nicht mehr erziehen, dass sie keine tiefe Bindung mehr eingehen kann, ist leider ein scheinbar unausrottbares Vorurteil. Bitten Sie um Hilfe und einen Ansprechpartner in der Eingewöhnungsphase und um die Möglichkeit der Rückgabe, falls Mensch und Tier sich überhaupt nicht miteinander anfreunden können. Doch eigentlich sind Katzen recht offene und anpassungsfähige Wesen, die sich – nach kurzer Eingewöhnungszeit – perfekt in die neue Situation einfügen.

Schwierig kann es werden, wenn Ihr neuer Mitbewohner bislang kaum Kontakte zu Menschen oder Artgenossen hatte oder gar misshandelt wurde. Auch ein besonders ruhiges und sensibles Tier, das plötzlich in eine sich dann schnurrend auf Ihrem Schoß zusammenrollt. Diesen Glücksmoment werden Sie gegen nichts eintauschen wollen.

Katzensenior

Katzen können 20 Jahre alt und sogar noch älter werden. Dennoch ist es für Tierheime so gut wie unmöglich, für Tiere über zehn Jahren noch ein Zuhause zu finden. Dabei haben gerade ältere Katzen große Vorteile: Sie sind ruhig, meist besonders anhänglich und sortieren die Wohnungseinrichtung nicht mehr um. Sie sind also geeignet für Leute, die viel Zeit mit einem anhänglichen, schmusebedürftigen Tier verbringen möchten, aber auch für Berufstätige, die nicht ganz so viel zu Hause sind, da das Schlafbedürfnis von älteren Katzen höher ist.

Wenn die Beweglichkeit im Alter nachlässt, benötigen Katzensenioren spezielle Hilfen, um in der Wohnung zurechtzukommen, zum Beispiel Podeste, die das Erreichen des Körbchens oder Lieblingsplatzes auf dem Schrank ermöglichen. Auch treppenartig angebrachte Bretter an der Wand oder am Schrank bieten sich an. Ein Kratzbaum mit vielen Plattformen, die für das Recken und Strecken eher hinderlich sind, erleichtert einer alten Katze das Erreichen ihres geliebten Fensterplatzes.

Spezielles Futter für alte Katzen hat eine höhere Energiedichte, ist also viel gehaltvoller und kann deshalb bei Appetitmangel sinnvoll sein. Übrigens kommt eine Katze auch ohne Zähne, zum Beispiel wenn sie krankheitsbedingt gezogen werden mussten, gut zurecht. Innerhalb weniger Tage frisst sie wieder ganz normal, die Kiefer verhornen und die Katze kann sogar Trockenfutter knabbern.

Eine Katze aus zweiter Hand braucht manchmal einige Tage, bis sie sich eingelebt hat. (Foto: Schanz)

hektische Großfamilie kommt, ist schnell überfordert mit dem Stress. In jedem Fall helfen einer solchen Katze Zeit und Ruhe, außerdem Zeit, Ruhe, Zeit und Ruhe.

Je mehr Sie versuchen, die Katze festzuhalten und zu streicheln, umso stärker wird sie sich unter Druck gesetzt fühlen und sich immer mehr verkriechen. Lassen Sie sie stattdessen in Ruhe, ignorieren Sie sie regelrecht; dann hat die Katze Zeit, sich zunächst an die Wohnung und auch bald an Sie selbst zu gewöhnen. Auf der anderen Seite kann es Ihnen passieren, dass Ihr neuer Mitbewohner aus dem Transportkorb steigt, sich kurz umschaut, umgehend den Futternapf leert und

Die meisten Katzen bleiben, wenn sie vorher keine Krankheiten hatten, bis ins hohe Alter kerngesund. Dennoch sollte man für

Schlafplätze können sehr außergewöhnlich sein. Wichtig ist, dass auch eine ältere Katze ihren geliebten Platz gut erreichen kann. (Foto: Rudolph)

eventuelle Tierarztbesuche etwas mehr Geld einplanen, um dem samtpfotigen Rentner auf jeden Fall die beste Versorgung gewähren zu können.

Katze mit Handicap

Katzen mit körperlichen Behinderungen oder chronischen Krankheiten hätten, auf sich gestellt, sehr wenig Überlebenschancen. In einer Wohnung kann eine blinde, gehörlose, dreibeinige oder schwanzlose Katze hingegen ein langes und glückliches Leben verbringen, und eine Katze mit einer chronischen Krankheit,

etwa Diabetes, Asthma oder einem Nierenschaden, kann bestens medizinisch versorgt werden. Meist sind solche Tiere – wie zum Dank – besonders anschmiegsam und lieb.

Generell braucht natürlich gerade eine blinde oder taube Katze besondere Rücksicht ihrer Menschen. Blinde Katzen sollten Sie nur anfassen, wenn Sie sie vorher angesprochen haben, taube nur von vorn nach Sichtkontakt, damit die Tiere sich nicht unnötig erschrecken. Katzen mit amputierten oder verkrüppelten Gliedmaßen sind in ihren Bewegungen etwas eingeschränkt, da ihnen nicht ihre ganze Sprungkraft zur Verfügung steht oder sie ohne Schwanz nicht mehr so gut balancieren

Nähe zu einem Artgenossen macht das Katzenglück in der Wohnung meist perfekt. (Foto: Vorbrich)

können. Richten Sie die Wohnung mit bequemen, einfach besteigbaren Katzenmöbeln ein.

Eine chronisch kranke Katze hingegen erwartet von ihrer Umgebung nichts anderes als jede gesunde Katze auch. Sie kann bei bester Fürsorge ein hohes Alter erreichen. Man muss aber bedenken, dass diese Katzen meist regelmäßige Medikamentengaben, häufigere Tierarztbesuche und eventuell ein spezielles (und somit auch teureres) Diätfutter benötigen.

Anders sieht es leider aus, wenn Katzen eine ansteckende Infektion haben. FIP (infektiöse Bauchwassersucht), FIV (Katzen-Aids, nicht auf Menschen übertragbar!) oder FeLV (Leukämie oder Leukose) sind nach ihrem Ausbruch unweigerlich ein Todesurteil für die Katze. Bis dahin können die Katzen jedoch noch viele schöne und beschwerdefreie Jahre

leben, wenn sie regelmäßig medizinisch versorgt werden. Allerdings dürfen sie höchstens gemeinsam mit einer Katze mit der gleichen Infektion gehalten werden, da sie ihre gesunden Artgenossen anstecken würden.

Vor allem benötigen sie Ruhe und einen möglichst regelmäßigen Tagesablauf. Hektik und Stress, zum Beispiel durch häufigen Besuch oder unregelmäßige Fütterungszeiten, würden den Ausbruch der Krankheit und somit den Tod beschleunigen.

Wie viele Katzen sind ideal?

Stellen Sie sich vor, Sie lebten unter einer Glasglocke. Für Ihren Lebensunterhalt ist gesorgt, Sie haben alles, was Sie benötigen:

leckere Mahlzeiten in ausreichender Menge, Unterhaltungsmöglichkeiten für den Geist, sportliche Möglichkeiten für das Körpertraining und alles, was Sie sonst noch wünschen. Mehrmals täglich kommt ein seltsames Wesen zu Ihnen, um Sie mit Neuem zu versorgen, merkwürdige (durchaus liebevolle) Geräusche von sich zu geben und etwas schützende Körpernähe anzubieten. Nur eben kein Mensch, mit dem Sie mal reden könnten. Über das Wetter, über das Essen, über das, was Sie morgens in der Zeitung gelesen haben. Niemand, der wenigstens hin und wieder da ist, mit dem Sie sich streiten können oder der Sie mal in den Arm nimmt. Eine für Sie erschreckende Vorstellung? Würden Sie etwas wunderlich werden? Depressiv, aggressiv, körperlich krank sogar?

So etwa ergeht es einer Einzelkatze in der Wohnung. Egal wie optimal Sie für Ihren Schützling sorgen, egal wie viel Zeit und Zuwendung Sie aufbringen: Sie können für Ihre Katze immer nur „Ersatzkatze" sein, niemals ein Artgenosse.

Einige wenige Katzen gibt es, die ausgezeichnet mit diesem Zustand leben können. Sie sind Eigenbrötler wie menschliche Einsiedler und haben mit ihren Artgenossen nicht viel am Hut. Viele andere können sich mit dem Fehlen von Artgenossen arrangieren, wenn der Rest stimmt. Sind Menschen fast rund um die Uhr zu Hause und beschäftigen sich viel mit der Katze, ist Einzelhaltung möglich, wird aber der Katze nicht wirklich gerecht.

Zwei Katzen im Haushalt halte ich für optimal, egal ob für den Single oder die Familie. Zwei Katzen, die sich verstehen. Und ich kann Ihnen versichern, dass es auch Ihnen pures Vergnügen bereiten wird, zwei Katzen um sich zu haben.

Natürlich dürfen es auch mehr als zwei Katzen werden. Wenn Sie reichlich Platz in Ihren vier Wänden haben (zusätzlich zu Küche, Bad und Flur mindestens ein „eigener" Raum als Rückzugsmöglichkeit für jede Katze), genügend Geld für Futter und Tierarzt, vor allem genügend Hände zum Kraulen (zum Beispiel in einer Familie), spricht nichts gegen eine Dritt- oder Viertkatze. Aber Vorsicht, fangen Sie bitte nicht an, Katzen zu „sammeln". Schnell verpassen Sie so den Moment, wo sich die Katzen bei Ihnen nicht mehr wohlfühlen, weil sie keine Ruhe vor ihren Artgenossen mehr finden.

Die Wohnungsgröße ist für die artgerechte Katzenhaltung nicht entscheidend. Ein 20-Quadratmeter-Appartement ist sicherlich kein dauerhaft geeigneter Aufenthaltsort für eine Katze, aber eine 60 Quadratmeter große Wohnung, die katzengerecht eingerichtet ist, mit Schlupfwinkeln und gemütlichen Sofas, vielen Fenstern mit Fensterbrettern und Schränken, die die Katze erklettern darf, ist auf jeden Fall geeigneter als ein Designerloft auf 150 Quadratmeter mit Granitböden, Kleiderschrank, Bett, Ledersofa, Stereoanlage und sonst nichts.

Katzen und Kinder

Oft sind es die Kinder des Haushalts, die sich sehnlichst eine Katze wünschen. Auch wenn es zunächst scheint, als würden sich ruhebedürftige Katzen und aktive, lärmende Kinder in einer Wohnung gegenseitig ausschließen, kann dies eine wunderbare Paarung sein. Allerdings sind einige Dinge zu beachten.

Das Kind ist der Verantwortung der Katzenhaltung nicht gewachsen. Als Elternteil müssen Sie also von Anfang an bereit sein,

Passen das Alter und die Charaktere zusammen, steht einer innigen Freundschaft zwischen Kind und Katze nichts im Weg. (Foto: Schanz)

der eigentliche Mensch für Ihre Katze zu sein. Außerdem muss dem Kind klar sein, dass eine Katze kein Spielzeug ist und nicht erschreckt, geärgert oder gejagt werden darf. Und dass man weder am Schwanz noch an den Ohren oder Barthaaren ziehen darf.

Natürlich sollten Eltern ihren Kindern gegenüber nicht stets mit Verboten auf ein falsches Verhalten gegenüber der Katze reagieren. Sonst wird das einst geliebte Haustier schnell uninteressant oder gar unerwünscht. Erklären Sie dem Kind, warum das Verhalten gegenüber der Katze unpassend ist und wie es richtig oder zumindest besser gemacht werden kann. So bleibt die Katze ein geliebter Freund.

Altersunterschied ist wichtig

Kleinkinder und kleine Katzen zusammenzubringen geht selten gut. Kleinkinder verfügen noch nicht über die Feinmotorik, um die Katze mit dem nötigen Respekt zu behandeln. Und kleine Katzen sind noch nicht weise genug, sich unter dem Sofa zu verkriechen, bis das Gewitter ins nächste Zimmer weitergezogen ist, oder mit einem vorsichtigen Pfotenschlag klarzustellen, wo die Grenze zwischen Zuneigung und Aufdringlichkeit liegt.

Wenn also kleine Kinder und kleine Katzen aufeinandertreffen, sind Kratzer, Bisse und Tränen vorprogrammiert. Schnell wird aus dem ersehnten Spielkameraden ein Furcht einflößendes Raubtier, und schon viele Katzen sind deshalb auf der Straße oder im Tierheim gelandet. Generell empfiehlt sich folgende Faustregel: Je jünger und aktiver das Kind ist, desto erfahrener und ruhiger sollte die Katze sein. So steht einer innigen Freundschaft und bereichernden Erfahrung nichts im Wege.

Baby unterwegs

Sie müssen Ihre Katze nicht weggeben, weil Sie selbst Nachwuchs erwarten. Zwar gibt es immer noch Frauen- und Kinderärzte, die unter Hinweis auf die Gefahr einer Toxoplasmoseinfektion für die sofortige Abschaffung des Tiers plädieren, doch das ist Unsinn.

Etwa 60 Prozent der Menschen in Deutschland sind Toxoplasmose-positiv. Sie haben sich meist durch den Verzehr von rohem Fleisch (Mettbrötchen) infiziert, in der Regel, ohne es zu bemerken. Damit haben sie genügend Antikörper gebildet und sind vor der Erkrankung geschützt.

Aber selbst wenn die künftige Mutter nicht Toxoplasmose-positiv ist, worüber ein Bluttest Gewissheit bringt, kann die Katze bleiben. Denn auch Katzen infizieren sich durch

Eine Schwangerschaft ist kein Grund, den Stubentiger wegzugeben! (Foto: Schanz)

den Verzehr von rohem Fleisch. Eine Wohnungskatze, die ihr Leben lang nur Fertignahrung gefressen hat, ist höchstwahrscheinlich frei von Toxoplasmose. Ansonsten reichen einfache Vorsichtsmaßnahmen während der Schwangerschaft: Lassen Sie ein anderes Familienmitglied die Katzentoilette reinigen. Dass dies mindestens täglich geschieht, sollte selbstverständlich sein. Eventuelle mit dem Kot ausgeschiedene Erreger benötigen lange Zeit an der Luft, um Infektionen hervorrufen zu können. Waschen Sie sich außerdem nach dem Schmusen mit der Katze die Hände und lassen Sie regelmäßig Blutuntersuchungen machen.

Auch die Angst vor Allergien oder Asthma des menschlichen Nachwuchses ist zumeist unbegründet. Besonders gefährdet wäre Ihr Kind nur, wenn auch die Eltern mit Allergien oder Asthma vorbelastet wären, und dann hätten Sie vermutlich eh keine Katze. Medizinische Untersuchungen belegen, dass Kinder mit Haustieren weniger zu Allergien neigen als solche ohne tierische Freunde.

Eine zum Verschwinden entschlossene Katze vermag sich
nach Belieben wie ein Taschentuch zusammenzufalten.

(Louis J. Camuti)

Sicherheit zuerst

Vorsicht, Fenster!

Fensterbänke sind begehrte Aussichtsplätze für die Katze. Draußen ist immer etwas zu beobachten, im Winter ist die meist unter dem Fenster befindliche Heizung ein Garant für ein warmes Schlafplätzchen, und bei gekipptem Fenster kommen mit der frischen Luft die interessantesten Düfte in die gute Stube.

Fenster in gekippter Stellung können zur schmerzhaften, ja tödlichen Falle für Ihre Katze werden, wenn sie versucht, durch den schmalen Spalt des gekippten Fensters in die interessante Welt dahinter zu entkommen. Quetschungen, Prellungen, daraus resultierende Lähmungen und gebrochene Knochen bis hin zum qualvollen Verenden im Fensterspalt können die traurigen Folgen sein.

Wenn also zwischen Wand und Fenster oder zwischen den beiden Flügeln eines Doppelfensters ein Spalt entsteht, von dem auch nur vermutet werden kann, dass die Katze, zumindest aber Kopf oder Pfoten hindurchpassen, kippen Sie die Fenster entweder nur in Ihrer Anwesenheit und haben Sie dabei ein Auge auf die Katze oder bringen Sie eine Sicherung an. Diese besteht aus Gittern, die zwischen Wand und Fensterrahmen angebracht werden. Solche Sicherungen gibt es für Standardfenster im Handel, sonst bleibt Ihnen nur eine eventuell selbst hergestellte Maßanfertigung. Alternativ zu einer solchen Sicherung bieten sich an:

- In der Fensteröffnung an der Wand angebrachte Winkel, die das gekippte Fenster fangen und nur einen Spalt von wenigen Zentimetern zulassen.

- Keile oder Bretter aus Holz oder stabilem Kunststoff, die an der Seite bis mindestens zur halben Fensterhöhe zwischen Rahmen und Scheibe geschoben werden und so den Spalt blockieren.

- Große, schwere Blumentöpfe mit großen, dichten Pflanzen, die jeweils in der Ecke der Fensterbank stehen und den Spalt verbauen. Aber Achtung, es gibt Katzen, die solche großen Pflanzen als Kletterhilfe ansehen.

Fliegengitter halten nicht nur Mücken und anderes Getier aus der Wohnung fern, sondern verhindern auch, dass die Katze beim Durchlüften aus dem komplett geöffneten Fenster springen kann. Für Motten, Fliegen und Schnaken gehen manche Katzen buchstäblich die Wände hoch, und zwar ohne Rücksicht auf bewegliche Teile der Wohnungseinrichtung.

Eine ganz besondere Herausforderung sind Dachschrägenfenster. Abgesehen von Fliegenschutzrollos gibt es keine Standardlösungen von Herstellern. Wenn Sie also Ihr Dachschrägenfenster öffnen und gleichzeitig verhindern möchten, dass Ihr Stubentiger einen Ausflug aufs Dach (wo unweigerlich Tauben, Insekten oder auch nur Flecken oder ein laues Frühlingslüftchen locken) unternimmt, bleibt Ihnen fast nur die Möglichkeit, selbst kreativ zu werden.

Soll nur ein kleiner Spalt entstehen, kann eine Sperre in Form von Winkeln oder Haken eingebaut werden. Soll das Fenster komplett geöffnet werden, können Sie einen mit Katzennetz und Fliegengitter bespannten Holzrahmen in die Fensternische einpassen und ihn mit Winkeln oder Kabelbindern so befestigen, dass das Fenster schnell geöffnet oder geschlossen werden kann.

Achtung: Wenn Sie zur Miete wohnen, sollten Sie entweder gemeinsam mit dem Vermieter eine Lösung suchen oder die Sicherung wieder rückstandsfrei entfernen können.

Durch die Fensteröffnung kommen interessante Düfte in die Wohnung, außerdem summt und zwitschert es draußen verführerisch. (Foto: Schanz)

Balkonnetze

Ein Balkon ist natürlich das Größte für eine Wohnungskatze. Er bietet ihr frische Luft, interessante Beobachtungen und das Gefühl, draußen zu sein. Doch birgt ein ungesicherter Balkon auch einige Gefahren. Ein plötzliches, erschreckendes Geräusch beim Balanceakt auf dem Balkongeländer, ein in Reichweite vorbeihuschendes Eichhörnchen oder ein Vogel – schon kann es passieren, dass Ihre Katze vom Balkon springt oder fällt. Schlimmstenfalls kann sie sich dabei verletzen oder auf Nimmerwiedersehen verschwinden.

Sichern Sie Ihren Balkon lieber mit einem Netz. Netze gibt es als Meterware in unterschiedlichen Höhen und Stärken im Tier-

Ist das Fenster breiter als die Fenstersicherung, lassen sich die Ecken mit Kaninchendraht umspannen. Wenn die Gitter stören, kann man sie leicht nach Geschmack dekorieren. (Foto: Vorbrich)

Auf einem gesicherten Balkon steht entspannten Stunden nichts im Wege. (Foto: Vorbrich)

fachhandel. Mit einigen in die Wand oder die Decke geschraubten Haken oder am Geländer befestigten Drähten lassen sich diese Netze leicht rund um den Balkon spannen. Haben Sie keine Spannmöglichkeit nach oben, bringen Sie in den äußeren Balkonecken zwei Pfosten an, ziehen das Netz daran hoch und lassen es in ausreichender Höhe nach innen umklappen. Auch so ist der Balkon ausbruchsicher. Kontrollieren Sie bitte regelmäßig die Stabilität des Netzes und tauschen Sie es gegebenenfalls durch ein neues aus.

Erkundigen Sie sich, vor allem wenn der Balkon zur Straße geht, zuvor bei Ihrem Vermieter oder der Eigentümergemeinschaft, ob Sie ein solches Netz anbringen dürfen. Sichern Sie den sachgemäßen Aufbau und den schadenfreien Abbau bei einem Auszug zu.

Wenn Ihre Katze noch sehr jung oder ein richtiger Klettermaxe ist, sollten Sie als oberen Abschluss eine Bahn Kaninchendraht ziehen, damit sie nicht durch die eventuell vorhandenen Luftlöcher in die Freiheit entschwindet.

Eine gute Alternative ist eine Katzensicherung aus Maschen- oder Kaninchendraht. Dieser kann zum Beispiel auf Dachlatten befestigt werden, die als zusätzliche Balkonbegrenzung angebracht werden. So haben Sie bei einem Balkon im obersten Stockwerk auch eine Aufhängung. Ziehen Sie den Draht einfach an der oberen Kante überhängend nach innen, damit die Wohnungskatze nicht doch zum Freigänger wird.

Eine stabile und witterungsbeständigere Alternative zum Netz kann ein feiner Maschendraht beziehungsweise Kaninchendraht sein. (Foto: Vorbrich)

„Schwarze Löcher" in der Wohnung

Katzen sind die geborenen Entdecker. Sie werden immer irgendwo eine interessante Ecke, ein Loch oder eine Ritze finden, die eine genaue Erkundung wert sind. Diese interessanten Stellen in Ihrer Wohnung sind wichtig für die Katzen. Ein Blick unter das Sofa, eine Kontrolle hinter dem Schrank ist immer eine Bereicherung für ihren Tagesablauf.

Doch es gibt „schwarze Löcher", die Gefahren für die Katze bergen und deshalb unbedingt gesichert werden müssen. Hierzu zählen alle Elektrogroßgeräte wie Waschmaschinen, Kühlschränke und Herde (auch Gasherde), die zwischen Wand und Gerät genug Platz für eine Katze lassen. Stellen Sie diese Geräte so nah wie möglich an die Wand und sichern Sie mögliche Nischen mit Leisten oder Abschlusskanten. Natürlich müssen auch die Abschlüsse nach oben, also beispielsweise in Höhe der Arbeitsplatte in der Küche, dicht sein, damit der kleine Entdecker nicht von oben hineingeraten kann.

Sofas, Sessel, Betten mit Federkern oder Bettkästen müssen nach unten geschlossen sein, damit die Katze nicht in die Stahlfedern krabbeln kann. Stellen Sie sich lieber nicht vor, was passieren könnte, wenn Sie sich setzen oder die Katze sich in den Federn verheddert.

Waschmaschine, Wäschetrockner, Spülmaschine und Herd werden ab sofort nur bei Benutzung geöffnet und sofort wieder

Waschmaschine und Trockner mit offen stehenden Türen sind verlockende Kuschelhöhlen. (Foto: Schanz)

verschlossen. Bleiben diese Geräte unbeaufsichtigt geöffnet, kann es schnell passieren, dass eine Katze die interessante, gut riechende und vielleicht sogar noch gemütlich warme Höhle erkundet und sich zu einem Nickerchen einkuschelt. Werden die Geräte dann ohne Kontrolle geschlossen, sitzt die Katze in einer tödlichen Falle.

Auch der Toilettendeckel sollte immer geschlossen werden, damit keine Katze von dem meist chemiehaltigen Wasser trinkt oder gar in den Abfluss fällt. Und gewöhnen Sie sich bitte an, vor jedem Verschließen Ihres Schrankes einen kurzen Kontrollblick hineinzuwerfen. Schließen Sie Ihre Katze mit ein, könnten ihre Befreiungsversuche aus dem Gefängnis Sie einen guten Mantel oder Anzug kosten …

Giftige Pflanzen

Viele Zimmer- und Balkonpflanzen sind für Katzen giftig, und einige davon haben in einem Katzenhaushalt wirklich nichts zu suchen. Allen voran seien hier Weihnachtssterne, Euphorbien oder Wolfsmilchgewächse wie der Christusdorn, außerdem Maiglöckchen, Goldregen und Alpenveilchen genannt. Aber auch Aaronstabgewächse wie Efeututen oder Philodendren, Blattfahnen, Dieffenbachien, Kroton, Efeu, der einst so beliebte Gummibaum oder auch der Ficus, Geranien, Begonien und Oleander enthalten Giftstoffe oder ätherische Öle, die zu Vergiftungserscheinungen führen können. Je nach Stärke des Giftes können sie zu Erbrechen und

Wenn Sie sich mit Giftpflanzen nicht auskennen, bepflanzen Sie Fensterbank und Balkon zum Beispiel mit aromatischen Kräutern und Gemüse. (Foto: Vorbrich)

Durchfall, zu Koliken, Krämpfen und Lähmungen führen. Dennoch besteht kein Grund, nun alle Pflanzen auf den Müll zu werfen. Verzichten Sie auf die erstgenannten und bieten Sie Ihrer Katze attraktive „Knabberalternativen" (siehe Seite 39), dann wird keine Katze versehentlich Unbekömmliches naschen. Auf meinem Nordbalkon wächst seit Jahren Efeu, und ich habe auch einen Ficus und eine Efeutute, ohne dass meine Katzen je auch nur ein zweites Mal daran gerochen hätten.

Wenn Sie ganz sichergehen möchten, dekorieren Sie Ihre Wohnung nur mit ungiftigen Pflanzen wie etwa Aralien, Passionsblumen, Kokospalmen oder dem Dickblatt und pflanzen Sie auf Ihrem Balkon Kräuter und Gemüse.

Übrigens gehören in einen Katzenhaushalt auch keine Kakteen, da sie ebenfalls gif-

tig sind und von den Stacheln eine nicht zu unterschätzende Verletzungsgefahr ausgeht. Blumensträuße werden üblicherweise sehr dekorativ mit Gräsern, Farnen und exotischen Riesenblättern gebunden. Auch hier lauert Gefahr: Manchmal sind die Blätter mit giftigem Glanzspray besprüht, und je mehr im Strauß wippt und raschelt, desto einladender wirkt er auf die Katze. Achten Sie bitte darauf, nur ungiftige, katzengerechte Blumensträuße aufzustellen.

Chemie im Haushalt

Chemie lauert im Haushalt fast überall: Ohne großartig darüber nachzudenken, benutzen Sie Reiniger, Desinfektionsmittel, Blumendünger, Kosmetika, ätherische Öle, Medika-

Chemie in jeder Form ist ein Problem für neugierige Katzen. Flüssige Mittel sind besonders gefährlich, da Katzen Fellverschmutzungen sorgfältig mit der Zunge ablecken und sich dabei vergiften können. (Foto: Schanz)

mente und Farben. Alle Flaschen, Dosen, Schachteln und Tiegelchen, die derartige Chemie beinhalten, müssen direkt nach der Benutzung wieder sorgfältig verschlossen und unerreichbar weggestellt werden, am besten hinter eine dicht schließende Tür.

Putzmittel enthalten giftige Stoffe und sind obendrein ätzend. Verzichten Sie zugunsten Ihrer Katze und Ihres eigenen Immunsystems auf einen Großteil davon. Mit einem Neutralreiniger, Spülmittel und einem milden WC-Reiniger in Sachen Hygiene sind Sie bestens ausgerüstet. Empfehlenswert ist ein Dampfreiniger, mit dem glatte Fußböden, aber auch Wandfliesen, Polstermöbel und Teppiche ohne Chemie gereinigt werden können. Aus Erfahrung kann ich Ihnen versprechen, dass der Wohnungsputz im Katzenhaushalt mit einem solchen Gerät auch viel schneller vonstatten

geht als mit einem herkömmlichen Putzlappen oder Wischer, da Ihre Katze aus respektvollem Abstand zuschaut, statt ständig den Putzlappen zu jagen.

Auch Kosmetika sind nicht unproblematisch. Einige Katzen finden den Geschmack von Cremes und Parfums unwiderstehlich und möchten die Haut abschlecken, die gesalbt und beduftet ist. Vielleicht machen sie dies nur, damit ihr Mensch wieder nach ihrem Menschen riecht. Schieben Sie Ihre Katze unerbittlich weg, selbst wenn Sie diesen Vorgang als niedlichen Liebesbeweis empfinden.

Zigarettenrauch ist übrigens auch für Ihre Katze giftig, sogar noch giftiger als für Sie. Die schädlichen Substanzen werden nicht nur eingeatmet, sie fangen sich auch im Fell und werden bei jedem gründlichen Putzen von Ihrer Katze verschluckt.

Hat Ihre Katze sich verletzt oder haben Sie den Verdacht einer Vergiftung (Anzeichen sind zum Beispiel Erbrechen, heftiges Speicheln oder Krämpfe), so bringen Sie sie umgehend zum Tierarzt.

Weitere Verletzungsgefahren

Viele alltägliche Dinge in unserem Haushalt bergen ernsthafte Gefahren für unsere Samtpfoten. Herumliegende oder hinuntergefallene Nähnadeln mit Fadenenden sind ein interessantes Spielzeug, das die Katze jedoch verschlucken kann. Schwerste innere Verletzungen können die Folge sein. Ebenso gefährlich ist die Verwendung von Satin-, Bast- oder Kräuselband, zum Beispiel als Tischdekoration oder Geschenkband. Das Band lädt unwiderstehlich zum Spielen ein und kann beim Verschlucken mit seinen scharfen Kanten den Darm einer Katze buchstäblich in kleine Stücke schneiden.

Auch vom Einkauf mitgebrachte Tüten – egal ob aus Plastik oder Papier – bergen Gefahren. Katzen lieben es, hineinzukrabbeln und den Inhalt zu untersuchen. Oder einfach nur ein wenig darin herumzuspielen oder gar ein Nickerchen zu halten. Wird dann der Katzenkopf durch den Griff geschoben, bekommt ihn die Katze oft wegen der Wuchsrichtung ihrer Haare nicht ohne Weiteres wieder heraus. Selbst wenn keine sofortige Erstickungsgefahr lauert, kann Ihre Katze schnell in Panik geraten – und dann sind Verletzungen vorprogrammiert, und auch Ihre Einrichtung wird Schaden nehmen. Räumen Sie also bitte Tüten immer gleich aus und beiseite. Lediglich Papiertüten mit abgeschnittenem oder durchtrenntem Griff eignen sich als Katzenspielzeug.

Auch ein solches, aus Katzensicht hochinteressantes Klettergerät ist nur sicher, wenn Sie in der Nähe sind. (Foto: Schanz)

Heiße Herdplatten decken Sie bitte nach dem Kochen immer ab, am besten bis zum Auskühlen mit einem passenden Topf. Katzen riechen verlockende Düfte und springen, und das nicht nur einmal, auf den frei geräumten, heißen Herd.

Auf Kerzen brauchen Sie übrigens nicht verzichten. Allerdings sollten sie in hochwandigen Windlichtern oder sehr stabilen Ständern stecken beziehungsweise Teelichter in einem Glas sein. Dass Sie Kerzen nie, wirklich niemals unbeaufsichtigt brennen lassen dürfen, brauche ich Ihnen nicht extra zu sagen – das haben Sie ja auch schon in Ihrer katzenlosen Zeit beachtet.

Zimmertüren sind Ärgernis und Herausforderung gleichermaßen für Katzen. Ärgernis, wenn sie geschlossen sind und der Herrscher über Ihr Reich (ich meine natürlich Ihre

Katze) nicht nach Belieben von einem Raum in den nächsten spazieren kann. Eine Herausforderung, und eine gefährliche noch dazu, ist der schmale Spalt zwischen Tür und Rahmen, durch den man als Katze so prima die Pfote stecken und imaginäre Beute angeln kann. Schnell bewegt sich die Tür und die Pfote wird gequetscht. Sichern Sie Ihre Türen mit Feststellern oder hängen Sie die Türen, die Sie nicht unbedingt benötigen, gleich aus und tragen sie in den Keller. Dort bleiben sie dann auch schön sauber und müssen nie mehr gestrichen werden.

Wenn Sie eine eigene Wohnung haben und somit eigene, am besten kostengünstige Türen, können Sie vielleicht auch hier und da eine Katzenklappe einbauen. Vor allem im Winter zieht es dann nur noch durch ein kleines Löchlein und nicht mehr durch die ganze Tür.

Sicherheit für Ihre Einrichtung

Keine Katze kann zwischen einem Plastikbecher und einem Mokkakännchen aus Meißner Porzellan unterscheiden. Eher wird sie der Meinung sein, dass Regalbretter und offene Schrankfächer, egal ob mit Büchern oder Dekorationsobjekten gefüllt, eigentlich Kletter-, Sitz- und Liegeflächen sind. Dort herumzukrabbeln ist für Ihre Katze eine Selbstverständlichkeit, und sie kann nicht verstehen, dass Sie solche tollen Lebensräume nicht für sich selbst nutzen, sondern mit allerlei störendem Zeug vollstellen. Sichern Sie also Ihre kostbaren Stücke hinter Glas in einer Vitrine oder in einem unerreichbaren Regal. Das bedeutet nicht, dass Sie ab sofort mit nackten und kahlen Möbeloberflächen leben müssen. Machen Sie selbst den Stabilitätstest: Stupsen Sie mit dem Finger gegen den oberen

Rand Ihrer Dekoration. Steht das Stück stabil (oder könnten Sie auch ohne es leben), darf es stehen bleiben. Kippelt es, hat es nur eine winzige Standfläche oder ist es sowieso unersetzbar: Ab damit in die Vitrine!

Blumentöpfe und Vasen sollten aus schwerem Material sein und eine breite Standfläche haben. Die Erde in den Töpfen schützen Sie vor der Verwechslung mit der Katzentoilette am besten, indem Sie große Kieselsteine darauf verteilen.

Verzichten Sie bei der nächsten Renovierung auf Textiltapete und beim Möbelkauf auf Rattan oder Korb. Beides wirkt unwiderstehlich auf Katzen, damit kann der beste Kratzbaum nicht konkurrieren. Tauschen Sie Vorhänge, die sich neben dem Fenster in dekorativen Wellen auf den Boden ergießen, gegen die knapp bodenlange Variante ohne Schnüre oder Troddeln. Zumindest für erwachsene Katzen ist der Vorhang damit so gut wie uninteressant (für Katzenbabys dagegen ist eine solche Fensterdekoration wie ein Klettergarten).

Auch Weihnachtsbäume sind, einige Sicherheitsmaßnahmen vorausgesetzt, kein Tabu. Sie können leider nur ausprobieren, was Ihre Katze hängen lässt. Es gibt Katzen, die damit zufrieden sind, wenn an die untersten Zweige Spielzeug für sie gehängt wird, und das Lametta, glitzernde, spiegelblanke Kugeln und echte Kerzen in Frieden lassen. Bei Draufgängern und leidenschaftlichen Kletterern müssen Sie zum Wohle Ihrer Katze, Ihrer Wohnung und vor allem Ihrer Nerven auf die traditionelle Weihnachtspracht verzichten. Stellen Sie Ihren Baum auf jeden Fall fest in einen sehr stabilen Ständer, sichern Sie ihn eventuell im oberen Drittel zusätzlich durch Festbinden und decken Sie das Gießwasser mit einem dichten Deckel ab.

Es ist die Pflicht der Katze, dazusitzen und angebetet zu werden.

(Englisches Sprichwort)

(Foto: Schanz)

Was *Wohnungskatzen* brauchen

Ernährung – die Alternative zur Maus

In der Natur ernähren sich Katzen überwiegend von Mäusen, aber auch von anderen Nagern, Vögeln und sogar Insekten. Damit es dem Schleckermäulchen in Ihrer Wohnung an nichts mangelt, müssen Sie nun entweder selbst Mäuse jagen oder Sie servieren einen möglichst naturgetreuen „Mausnachbau".

Roh, gekocht oder aus der Dose?

Katzenfutter selbst herzustellen ist ein eher schwieriges und aufwendiges Unterfangen. Unmöglich ist es dennoch nicht. Für das Füttern nach der sogenannten BARF-Methode (biologisch artgerechte Rohfütterung) gibt es verschiedene Fleischmischungen, auch tiefgefroren, bereits fix und fertig im Fachhandel. Wenn Sie Frischfleisch bei Ihrem Fleischer holen, muss dieses mit Zusatzstoffen wie Taurin oder Ulmenrinde angereichert werden. Eine Katze würde eine Maus ja im Normalfall mit Haut und Haar, also mit Fellteilen, Sehnen, kleinen Knochenstücken sowie dem Magen- und Darminhalt fressen. Die richtige Zusammenstellung ist eine Wissenschaft für sich; informieren Sie sich, wenn Sie diese Mühe auf sich nehmen möchten, auf jeden Fall mithilfe entsprechender Fachliteratur und bei Ihrem Tierarzt.

Für selbst gekochtes Katzenfutter gilt im Prinzip das Gleiche wie für das Barfen. Ohne Fachliteratur und Rücksprache mit einem gut informierten Tierarzt ist es zwar möglich, Ihrem Stubentiger eine leckere und mit Genuss und Gier verschlungene Mahlzeit zu servieren, aber eine gesunde und alles abdeckende Ernährungsalternative zur „Dosenmaus" haben Sie damit nicht. Es ist einiges an Aufwand und Sorgfalt vonnöten, damit es Ihrem Stubentiger an nichts mangelt.

Qualitativ hochwertiges handelsübliches Katzenfutter, zimmer- bis handwarm und nie direkt aus dem Kühlschrank serviert, ist ausgewogen auf den Nahrungsbedarf der Katze abgestimmt. Außerdem gibt es unterschiedlichste Geschmacksrichtungen für die kleinen Schleckermäulchen. Egal ob sich Ihre Katze für Feucht- oder Trockenfutter entscheidet: Sofern Sie einige grundlegende Punkte bei der Futterwahl beachten (zum Beispiel einen geringen Kohlenhydratanteil, keine künstlichen Konservierungsstoffe), brauchen Sie sich keine Gedanken um Fehl- oder Mangelernährung zu machen.

Gutes Futter enthält einen hohen Fleischanteil und dafür kein pflanzliches Eiweiß wie etwa Sojaprotein. Dieses Premiumfutter ist meist teurer als die normale Supermarktqualität, allerdings auch sparsamer im Verbrauch, da die Energiedichte wesentlich höher ist. Aber Achtung: Teuer steht nicht automatisch für gut. Der Markt für Tiernahrung wächst täglich; hier den Überblick zu behalten, ist nicht immer einfach. Informieren Sie sich auch hier mithilfe von Fachliteratur oder bei Ihrem Tierarzt, worauf Sie achten müssen und was Sie kaufen können.

Feuchtfutter hat den Vorteil gesicherter Flüssigkeitsaufnahme, denn es besteht meist zu etwa 80 Prozent aus Feuchtigkeit, Sie kaufen also quasi „schnittfestes Wasser mit Geschmack". Das bedeutet nicht, dass die Futtermittelhersteller extrem viel Wasser in die Dose packen, schließlich enthält frisches Fleisch – je nachdem, wie fett oder mager das Ausgangsstück ist – von Natur aus einen Wasseranteil von 40 bis 75 Prozent. Trockenfutter dagegen gilt als gut für die Zahnhygiene der Katze, es entfernt beim Knabbern Beläge von den Zähnen und wirkt wie eine Zahnbürste. Auch Trockenfutter gibt es in empfehlenswerter „Premiumqualiät" mit hohem Fleischanteil. Billige, aber minderwertige Alternativen empfehlen sich nicht, da es zu Fehlernährung und daraus resultierenden Krankheiten kommen kann. Sprechen Sie mit Ihrem Tierarzt über die Ernährung Ihrer Katze, er wird Ihnen qualifiziert Auskunft erteilen können.

Leckerchen sind nicht notwendig und oft sogar schädlich. Beschränken Sie die Gabe deshalb auf ein Minimum. Eine für Ihre Katze unwiderstehliche Knabberei können Sie in bestimmten Fällen gut einsetzen, wenn die Katze beispielsweise eine notwendige Fellpflege duldsam ertragen oder nach Aufforderung ihre Krallen endlich in den Kratzbaum statt in den Sessel geschlagen hat. Allerdings sollten

Abwechslung hat Vorteile

Katzen legen sich leider schnell auf eine bestimmte Futtersorte fest. Was das bedeuten kann, habe ich einmal mit meinem Kater erlebt, den ich immer häufiger und dann schließlich nur noch mit seiner Lieblingssorte versorgt habe. Das ging gut bis zu dem Tag, an dem auf der Dose stand: „Neu, jetzt noch leckerer!" Der Kater fand das nicht, und es kostete mich einiges an Mühe und Überzeugungsarbeit, bis anderes Futter akzeptiert wurde. Die meisten Katzen haben leider die Angewohnheit, auf ein Futter nach ihrem Geschmack zu bestehen und längere Zeit zu hungern, bis sie sich widerwillig umgewöhnen lassen. Bei gesunden, fitten Katzen ist das nur eine Frage der Nerven, aber wenn eine gesundheitlich angeschlagene Katze in den Hungerstreik tritt, weil sie ihr Lieblingsfutter nicht bekommt, haben Sie schnell ein echtes Problem.

Damit eine Futterumstellung einigermaßen akzeptiert wird und auch der Verdauungsapparat nicht mit Durchfall oder Verstopfung reagiert, mischen Sie zunächst nur einen Teelöffel von der neuen Sorte unter das gewohnte Futter und verrühren das Ganze mit einem bis zwei Esslöffeln heißem (nicht kochendem) Wasser. Handwarmes Futter ist aromatischer als kühles, was die meisten Katzen toll finden. Nach und nach können Sie den Anteil des neuen Futters täglich erhöhen, bis schließlich die Umstellung komplett akzeptiert wird.

Sie keine Leckerchen geben, um Ihre Katze ruhigzustellen. Möchte Ihre Katze eigentlich toben oder schmusen und Sie kaufen sich von diesem Zeitaufwand durch Leckerchen frei, wird Ihre Katze nur dick, aber nicht glücklich.

Die Futterschale sollte flach sein und so weit, dass die Katze beim Fressen nicht hineintauchen muss. (Foto: Schanz)

Futternäpfe und Futterplätze

Eine Futterschüssel sollte zwei wesentliche Anforderungen erfüllen: Sie soll schwer genug sein, damit die Katze beim Schlecken die Schüssel nicht durch die halbe Wohnung schieben kann, und sie soll gut zu reinigen sein. Näpfe, die diesen Ansprüchen genügen, werden aus glasierter Keramik, Porzellan oder Edelstahl angeboten. Sie können jedoch auch auf Vorhandenes zurückgreifen. Im Haushalt finden sich bestimmt nicht mehr benötigte Tellerchen oder Servierschüsselchen aus Glas, Porzellan oder Edelstahl.

Natürlich bekommt jede Katze ihre eigene Schüssel, denn Sie mögen ja auch nur in Ausnahmen mit jemand anders vom gleichen Teller essen.

Der Futterplatz sollte ruhig und geschützt sein. Und achten Sie darauf, dass mehrere Katzen nicht gerade Nase an Nase fressen müssen, denn das macht nervös und fördert Futterneid. Einige Katzen lassen sich dadurch so irritieren, dass sie zu viel oder zu wenig fressen. Wird der Teller nicht leer gefressen, bitte den „Tisch" abräumen und das Futter nicht für den kleinen Hunger zwischendurch stehen lassen. Gerade im Sommer verdirbt es sehr schnell.

Wasser

Katzen kommen ursprünglich aus Steppen- oder Wüstenlandschaften. Daher haben sie nur einen sehr geringen Wasserbedarf. Gerade bei der Fütterung mit Feuchtfutter wird Ihre Katze also nur wenig zusätzlich trinken. Gibt es allerdings Trockenfutter, müssen Sie dafür sorgen, dass Ihr kleines Raubtier genug trinkt, sonst leidet die Gesundheit.

Als Wasserquellen bieten sich verschiedene Möglichkeiten an. Einige Katzen trinken

Wenn ausgerechnet Ihre Katze am liebsten ein „fließendes Gewässer" mag, hilft nur ein tropfender Wasserhahn. Versuchen Sie, durch interessante Alternativen die Katze von der „stehenden" Variante zu überzeugen. (Foto: Schanz)

nur aus dem täglich mehrfach frisch gefüllten Wasserschälchen, andere nur aus dem tropfenden Wasserhahn. Wieder andere bevorzugen andere Trinkstellen: Regenwasserpfützen auf dem Balkon, die Gießkanne, einen Kochtopf mit Einweichwasser in der Spüle.

Als attraktive Trinkstelle für Ihre Katze bietet sich ein „Aquarium" an. Hierzu einfach eine Salatschüssel oder ein kleines Glasaquarium mit einigen sauberen Kieselsteinen, Aquariumkies oder Muscheln auslegen, Wasser hinein, und fertig ist die Wasserstelle. Besonders spannend finden Katzen es, wenn einige Wasserlinsen oder Schwimmfarn auf der Oberfläche schwimmen und vielleicht sogar eine genügsame Wasserpflanze darin wächst. Verdunstetes und getrunkenes Wasser auf-

füllen, sonst nichts mehr dran tun. Falls sich zu viele Algen bilden, werden sie einfach hin und wieder abgeschöpft. Es ist gewöhnungsbedürftig, die Katze dieses Wasser trinken zu sehen, aber die meisten Katzen lieben das. Das Wasser ist so interessant, dass sie manchmal nur dicht mit der Nase darüberhängen, das Aroma genießen und das träge Treiben der Wasserpflanzen beobachten. Ich habe vier solcher Wasserstellen in verschiedenen Zimmern und auf dem Balkon. Alle werden gut angenommen und sorgen außerdem für ein gesundes Raumklima.

Auch Zimmerbrunnen oder Katzentrinkbrunnen sind spannende Trinkgefäße, die Abwechslung in das Leben Ihrer Katze bringen. Sie können mit unterschiedlichen Gefäßen und Inhalten experimentieren, das bringt auch interessante Dekoration in Ihre Wohnung. Achten Sie darauf, dass die Gefäße aus lebensmittelechtem Material bestehen, also keine Chemie in das Wasser abgeben. Sorgen Sie bitte dafür, dass Ihre Katze nicht heimlich aus dem Blumentopfuntersetzer nascht. Düngerreste können akute oder schleichende Vergiftungen hervorrufen.

Bei einer Katze, die zu wenig trinkt, können Sie die Trinklust vielleicht wecken, wenn Sie ein wenig verdünnte Brühe oder stark verdünnte Katzen- oder Kondensmilch anbieten. Auch das Verrühren des Futters (auch Trockenfutter) mit ein bis zwei Esslöffeln handwarmem Wasser kann die ausreichende Flüssigkeitsaufnahme sicherstellen.

Katzengras – Reinigung von innen

Gras oder sonstiges Grünzeug ist keine Nahrung. Katzen knabbern trotzdem gern daran. Sie benötigen es, um beim Putzen verschluckte Haare, die nicht verdaut werden können, wieder herauszuwürgen. Dabei pulsiert der ganze kleine Körper, die Katze gibt gluckernde und würgende Geräusche von sich, es wirkt fast, als wolle sie sich von innen nach außen stülpen. Das kann mehrere Sekunden bis zu einer Minute dauern. Schließlich spuckt sie Haarballen, einzelne Haare, manchmal auch nur Grünzeug aus, schluckt noch mal und geht von dannen, als wäre nichts gewesen, während Sie noch überlegen, ob Sie den tierärztlichen Notdienst anrufen sollen. Also keine Sorge, ein hin und wieder ausgewürgter Haarballen ist keinesfalls gefährlich. Nur wenn die Katze mehrmals täglich oder über einen längeren Zeitraum immer wieder würgt und dabei vielleicht sogar Schaum erbricht, kann es sein, dass sie etwas im Hals hat und dem Tierarzt vorgestellt werden sollte.

Eine kleine Liegewiese lädt auch zum Knabbern ein. Anderes Grünzeug wird dadurch geschont. (Foto: Vorbrich)

Als „Grünfutter" eignet sich am besten Gras, also lang gewachsener Rasen. Der lässt sich zum Beispiel auf dem Balkon in einer Babywanne oder auch einem umfunktionierten Katzenklo pflanzen (super ist Rollrasen vom Gärtner). Da hat Ihre Katze auch noch einen tollen, naturnahen Liegeplatz. Auch spezielles Katzengras aus dem Zoohandel oder einem Blumengeschäft tut es. Gern angeknabbert werden Palmen (Yuccas oder Dracaenas) oder Grünlilien. Nicht geeignet sind hingegen Papyrus oder Zyperngras, Segge oder Blau-schwingel. Diese Gräser sind sehr scharfkantig und können zu inneren Verletzungen führen.

Eine Alternative zu Gras ist im Tierbedarf erhältliche Malzpaste oder Trockenfutter mit

Am liebsten gehen Katzen etwas in ihrer „Kiste" hin und her, ehe sie sich für eine Stelle entscheiden. (Foto: Schanz)

„Hairball-Control", das dabei hilft, die Haare durch den Darm abzutransportieren. Aber das sinnliche Erlebnis von echtem Gras sollten Sie Ihrer Katze nicht vorenthalten, Sie bereichern damit ihren Lebensraum.

Manche Katzen mögen übrigens sogar Schnittlauch oder Porree. Wenn Sie vom Einkauf kommen, wundern Sie sich nicht, wenn Ihre Katze genüsslich kauend vor dem Korb sitzt.

Katzentoilette

Die Mehrfachlösung

Zunächst einmal gibt es in einem Katzenhaushalt nicht „das Katzenklo", sondern mindestens zwei und immer mindestens eins mehr,

als Katzen im Haushalt wohnen. Grund hierfür ist, dass Katzen ungern Kot und Urin an der gleichen Stelle absetzen. Katzen in der freien Natur würden das nie tun. Sie marschieren also auf das eine Klo, scharren eine Weile, setzen sich hochbeinig hin, möglicherweise sogar mit allen vier Beinen auf dem Rand balancierend, gucken verklärt-angestrengt und lassen einen Haufen in die Einstreu fallen. Dann scharren sie diesen Haufen mehr oder weniger erfolgreich zu, gehen kurze Zeit später zum nächsten Klo, hocken sich kurz hin und hinterlassen einen kleinen See.

Groß und offen

Sicherlich ist es möglich, eine Katze an eine Toilette mit geschlossenem Deckel und Einstiegsklappe zu gewöhnen. Aber stellen Sie sich bitte vor, dass Sie auf eine Toilette in einem winzigen Raum ohne Luftabzug und Spülung gehen müssten. Haben Sie sich jetzt ein wenig geschüttelt? Dann können Sie nachvollziehen, wie sich Ihre Katze in solch einem formschönen, nach außen recht geruchsneutralen „Kotbunker" fühlt. Tun Sie ihr den Gefallen und nehmen Sie eine möglichst offene Ausführung in der größten Größe, also einen geräumigen flachen Kasten mit Rand. Kostengünstiger ist eventuell eine Miniwanne aus der Haushaltswarenabteilung. Sie kommt mit ihrem hohen Rand dem natürlichen Bedürfnis vieler Katzen entgegen, tief in der Hocke anzufangen und dann mit dem Hinterteil langsam höher zu gehen. Katzenstreu wird so oder so durch die Wohnung getreten, und spätestens, wenn Sie etwas riechen, wissen Sie, dass es an der Zeit ist, das Klo zu reinigen.

Auf dem Katzentoilettenmarkt gibt es Hightechvarianten mit elektronischen Filtern, Holzvertäfelung und innovativem Einstieg. Außerdem zahlreiche Hilfsmittel, die die Säuberung vereinfachen und die Reste automatisch in geruchsneutrale, handliche Päckchen verpacken. All dies ist ziemlich teuer, und Ihre Katze freut es wirklich am allermeisten, wenn sie ein bequemes Kistchen an einem geschützten Platz hat, das mindestens einmal täglich gereinigt wird.

Der geeignete Platz

Stellen Sie die Katzentoiletten in verschiedene Zimmer, damit die Katze für ihr dringendes Geschäft immer einen ihr geeignet erscheinenden Platz findet. Platzieren Sie sie jeweils an einer geschützten Stelle, schließlich ist die Katze auf der Toilette ziemlich hilflos. Ein Katzenklo gehört nicht in die Nähe des Futterplatzes.

Die richtige Streu

Katzenstreu gibt es in den unterschiedlichsten Ausführungen: fein und gröber, klumpend und nicht klumpend, Flüssigkeit aufsaugende Granulatkügelchen, Ökostreu aus Naturfasern. Ich bevorzuge die klumpende Variante, da die Reinigung recht einfach vonstatten geht. Meine Katzen haben sich für eine sehr feinkörnige, wenig staubende Sorte mit dezentem Babypuderduft entschieden. Das letzte Wort bei der Wahl der Einstreu haben tatsächlich die Katzen. Vielleicht haben Sie Glück und treffen auf Anhieb das richtige Produkt. Wenn Sie nicht ganz sicher sind, füllen Sie die verschiedenen Toiletten mit unterschiedlicher Streu. Sie werden dann bald feststellen, welche Toilette am häufigsten frequentiert wird. Bingo.

Unsauberkeit ist ein Hilferuf

Eine zufriedene, gesunde Katze benutzt auch ihre Katzentoilette. Tatsächliche Unsauberkeit, also eine Katze, der es völlig egal ist, wo sie ihre Notdurft verrichtet und ob sie sich dabei selbst beschmutzt, gibt es bei Katzen nur in den allerseltensten, meist krankheits- oder altersbedingten Fällen. Wenn Ihre Katze also unsauber wird, ist die erste Konsequenz immer ein Gang zum Tierarzt.

Wenn organische Probleme ausgeschlossen sind und die Katze trotzdem Kot oder Urin nicht in der Katzentoilette absetzt, handelt es sich um eine – zugegeben unangenehme und uns auch oft unverständliche – Art der Kommunikation. Unkastrierte Katzen und Kater markieren ihr Revier, also Ihre Wohnung, und teilen so jedem potenziellen Eindringling mit: „Hier wohne ich, das ist alles meins." Selbst kastrierte Tiere neigen hin und wieder zu dieser Art der Markierung, etwa wenn sie sich in ihrem Revier durch neue Bewohner oder

Ein Traum von Kratzbaum mit einem langen Sisalstamm,
an dem sich die Katze nicht nur richtig strecken kann,
sondern der auch zum Toben und Klettern einlädt.
(Foto: Rudolph)

auch neue, Angst einflößende Möbel bedroht fühlen. Vielleicht wurde eine Katze mal durch eine andere auf der Toilette attackiert und hat nun Angst, wieder in die gleiche Situation zu geraten. Vielleicht ist Ihnen mal etwas in Toilettennähe auf den Boden gefallen, die Katze hat sich erschreckt und bringt nun die harmlose Toilette mit dem erschreckenden Knall in Verbindung. Vielleicht vernachlässigen Sie die Katze in letzter Zeit und ihr ist die unangenehme Aufmerksamkeit beim Schimpfen lieber als gar keine Aufmerksamkeit?

Die Gründe für einmalige oder häufigere Ausrutscher können vielfältig sein. Falls es aber passiert, seien Sie Ihrer Katze bitte nicht böse, denn Unsauberkeit ist immer ein Hilferuf und niemals die Absicht, Sie vorsätzlich zu ärgern. Sprechen Sie mit Ihrem Tierarzt über das Problem, mit Katzenfreunden oder jemandem vom örtlichen Tierschutzverein, möglicherweise auch mit einem Tierheilpraktiker. Meist lässt sich im Gespräch ergründen, was die Katze vermitteln möchte, und schnell Abhilfe schaffen. Auch entsprechende Literatur kann helfen, der Ursache des Problems auf die Sprünge zu kommen (siehe Seite 78).

Kratzbäume und Klettermöbel

Es gibt dekorativere Möbel, doch einen Kratzbaum benötigen Katzen unbedingt. Da sich die äußeren Hornschichten der Katzenkrallen regelmäßig lösen, gräbt die Katze ihre Pfoten in ein ihr geeignet erscheinendes Objekt und kratzt kräftig daran. Die Krallenhüllen bleiben hängen und darunter kommen die scharfen neuen Krallen zum Vorschein. Der zusätzliche Vorteil für Ihre Katze besteht darin, dass sie sich richtig strecken kann und Duftmarken aus den Drüsen an ihren Pfoten absetzt. Das ganze Objekt riecht nach dem Kratzen nach ihr, ist somit vertraut und zugehörig. Sie können sich nun aussuchen, ob Ihre Katze diese Körperhygiene an einem Kratzbaum, einem Kratzbrett, Ihrem Lieblingssessel, der Raufasertapete oder einem Tischbein ausführt. Sie sehen also, wie wichtig ein akzeptierter Kratzbaum ist.

Vom einfachen Kratzbaum zur Kratzlandschaft

Optimal ist ein Kratzbaum mit einer stabilen Bodenplatte, zwei Stämmen, Zwischenetage und Liegeplattform mit Plüsch- oder Stoffbezug auf stabilem Sperrholz. Einer der beiden Stämme sollte bis zu einer Höhe von etwa einem Meter ohne Zwischeneinbau sein. Die meisten Kratzbäume haben ihr erstes Zwischenbrett leider bereits in Höhen von 40 bis 70 Zentimetern, was verhindert, dass sich die Katze richtig strecken kann. Die tiefer gelegene Bodenplatte am zweiten Stamm erleichtert vor allem Jungtieren und Senioren das Erklimmen der höher gelegenen Plattformen.

Kompromisslose Stabilität

Testen Sie bereits im Geschäft die Stabilität des Kratzbaums, lehnen Sie sich ruhig mal auf die Plattformen, wackeln Sie an der Verankerung der Stammteile. Eine ruhig sitzende Katze wiegt vielleicht nur vier oder fünf Kilogramm. Wenn sie den Kratzbaum aber im Sturm erobert, ist die punktuelle Belastung nicht zu unterschätzen. Deckenhohe Modelle müssen sorgfältig verspannt und regelmäßig auf Stabilität überprüft werden. Kratzbäume lassen sich auch in Einzelteilen kaufen und nach Bedarf und Platz zusammensetzen.

Nun noch den Baum an eine Stelle platzieren, wo die Aussicht perfekt ist (vor ein Fenster oder an einem breiten Zimmerdurchgang),

Haben Sie genug Raumhöhe? Dann können Sie mit einfachen Mitteln Ihrer Katze den Weg in die dritte Dimension frei machen. (Foto: Vorbrich)

Ein massives Baumstammstück, mit Sisal umwickelt und einer stabilen Liegeplatte versehen, bringt ein Stück Natur ins Leben Ihrer Wohnungskatze. (Foto: Cuber)

und das Katzenglück ist perfekt. Wichtig ist auf jeden Fall, dass der Kratzstamm gut zu erreichen ist (niemals in eine Ecke stellen) und dass es vom Liegeplatz aus immer etwas zu betrachten gibt.

Kratzflächen an der Wand

Zusätzlich zum Kratzbaum eignen sich als Kratz- und Markierflächen an die Wand geschraubte Kratzbretter aus dem Fachhandel oder mit Kork beklebte Zimmerecken. Auch ein an der Wand verschraubter Sisalläufer bringt viel Freude. Wenn Sie viel Platz haben, können Sie ein ganzes Wandstück mit Sisal oder Kork verkleiden und versetzte einzelne Regalbretter anbringen. So hat Ihre Katze eine Kletterlandschaft, die sie fordert und fit hält. Wenn es mit Ihrem ästhetischen Empfinden vereinbar ist, können Sie auch eine ganze Schrank- oder Regalseite mit Kork- oder Sisalplatten bekleben. Lassen Sie Gäste ruhig lächeln: Ihre Katze wird Sie dafür lieben!

Kratzbaum Marke Eigenbau

Einen Kratzbaum können Sie mit ein wenig handwerklichem Geschick gut selbst bauen. Als Kratzstamm kann eine leere Teppichrolle (aus dem Teppichgeschäft), ein stabiles Kantholz oder ein Stück Baumstamm dienen. Der Stamm wird mit Sisalseil straff umwickelt. Zur Befestigung empfehle ich einen Elektrotacker, damit die Krampen wirklich fest sind und Ihren Klettermaxe in spe nicht verletzen können. Unten und oben ein stabiles, mit Teppich oder Plüsch (ebenfalls mit dem Tacker oder Heißkleber befestigt) überzogenes Brett mit Winkeln anbringen und den ganzen Kratzbaum mit Winkeln an der Wand befestigen; dort können Sie auch zusätzliche Bretter als Liegeflächen anbringen. So hat Ihre Katze einen Kratzbaum, an dem sie sich richtig recken und strecken kann.

Wenn Sie große stabile Äste oder kleine Baumstämme bekommen, können Sie diese ebenfalls mit Sisal umwickeln oder neben dem Sisalstamm anbringen und Bretter zwischen den beiden Stämmen befestigen. So kann Ihre Katze die Krallen an dem Sisalstamm pflegen; der Baumstamm wird gern zum Schubbern und für Kratzmarkierungen benutzt.

Transportkorb

Egal wie lieb, schmusig oder schlimmstenfalls krank Ihre Katze ist: Ein Transport außerhalb der Wohnung auf dem Arm ist niemals möglich. Fremde und Angst einflößende Geräusche und Gerüche können Ihre Katze schneller, als Sie denken, in Panik versetzen, und dann wird aus dem sanften Schmusetiger plötzlich ein mit Klauen und Zähnen bewaffnetes Raubtier.

Kaufen Sie eine stabile, leicht zu reinigende und sicher zu verschließende Kunststoffbox, auch Kennel genannt, im Fachhandel. Sie sollte so groß sein, dass Ihre Katze bequem darin liegen kann, und auf jeden Fall rundum Sichtlöcher haben, damit man sie darin gut beobachten kann. Bei einer Box mit Seiteneinstieg empfiehlt sich die Variante mit voneinander trennbarem Ober- und Unterteil.

Gut geeignet sind Transportboxen mit abnehmbarem Deckel. (Foto: Schanz)

Legen Sie für den Transport ein altes Handtuch oder eine dicke Tageszeitung in die Box.

Transportkörbe aus Weide mit rundem Einstiegsloch sind nur als Kuschelhöhle geeignet. Eine Katze ist gegen ihren Willen so gut wie nicht durch die kleine Öffnung zu bekommen. Auch aus hygienischer Sicht ist ein solcher Korb nicht zum Transport geeignet, da es Ihrer Katze durchaus passieren kann, dass sie aus Nervosität oder Angst in der Box unsauber ist.

Auch Tragetaschen aus Nylon mit Reißverschluss oder gar Brusttaschen beziehungsweise Rucksäcke, bei denen die Katze den Kopf außerhalb der Tasche hat, sind absolut untauglich. Sie sind instabil, nicht ausbruchsicher

Ein Lieblingsplatz muss Ihrer Katze gefallen, aber nicht unbedingt Ihnen. Fühlen Sie sich geschmeichelt, dass Ihre Samtpfote unbedingt in Ihrer Nähe sein möchte, und opfern Sie ein paar aussortierte Papiere. (Foto: Rudolph)

und schlichtweg für den Katzentransport nicht geeignet.

Wenn Sie die Transportbox nicht ständig, zum Beispiel als Schlafhöhle, in der Wohnung stehen haben, sollten Sie sie einige Tage vor einem geplanten Tierarztbesuch ganz beiläufig geöffnet in die Wohnung stellen. Üblicherweise verschwindet die Katze dann sofort. Aber nach wenigen Tagen hat sie vergessen, dass die Box gefährlich ist, und wird sich leichter überlisten lassen. Vor allem dann, wenn Sie hin und wieder ein paar Brocken Trockenfutter drin verstecken.

Spätestens an der Wohnungstür oder im Auto wird Ihre Katze anfangen, sich zu beklagen. Vielleicht regt sie sich sogar so auf, dass sie erbricht, hechelt oder in die Box

macht. Es hilft dann nicht, beruhigend auf Ihre Katze einzureden, das Wehgeschrei wird nur schlimmer. Decken Sie lieber eine Decke über die Box: Ihre Katze beruhigt sich dadurch schneller und ist obendrein vor Zugluft geschützt.

Lieblingsplätze

Jede Katze hat besondere Plätze für den Tiefschlaf, fürs Dösen, für das Faulenzen und Beobachten. Und davon immer am liebsten gleich mehrere. Alle haben ihre besondere Attraktivität. Im Winter vielleicht ein Hängekörbchen vor einem Heizkörper, eine Schrankkante mit aufsteigender warmer Luft,

Ein Kratzbaum mit Aussicht und großer Liegefläche ist auf jeden Fall ein Lieblingsplatz. Zumindest für ein Stündchen am Tag. (Foto: Vorbrich)

vielleicht sogar der Toilettendeckel, wenn die Toilette direkt vor der Heizung steht. Im Sommer zieht es die Katze alternativ auf die kühle Fensterbank, den kühlen oder sonnengewärmten Steinfußboden auf dem Balkon, die Glasplatte auf dem Tisch. Die obere Sessellehne, ein Küchenstuhl oder eine Sofaecke zählen natürlich auch zu den Lieblingsplätzen, vor allem wenn die geliebten Menschen in der Nähe sind.

Wichtig ist auf jeden Fall, der Katze viele verschiedene Plätze auf unterschiedlichen Raumhöhen anzubieten beziehungsweise einer Katze die Plätze zu lassen, die sie sich selbst aussucht: offene Plätze für die Beobachtung des Lebens rundherum oder für ausgiebiges Dösen und Faulenzen, geschützte

Höhlen und Verstecke für die Tiefschlafphasen. Hier bietet sich ein gekauftes Körbchen an, zum Beispiel in eine ruhige Ecke auf oder neben den Schrank gestellt.

Und dann gibt es noch Verstecke und Lieblingsplätze, die nur Ihre Katze kennt. Irgendwann werden Sie sie suchen, etwa wenn Sie nach Hause kommen oder – für Ihre Katze lästigen – Besuch hatten. Sie rufen, aber die Katze kommt nicht. Sie klappern mit dem Futternapf: keine Reaktion. Sie suchen die Wohnung ab, klettern in Ecken, steigen auf Leitern für die Schrankkontrolle, liegen platt vor dem Bett, um darunterzuschauen. Ihr Stubentiger ist weg. Sie beginnen sich ernsthafte Sorgen zu machen, ob das arme Tier vielleicht mit dem Besuch oder beim letzten Mülltonnengang entschwunden ist und nun orientierungslos durch die Stadt irrt. Sie machen eine erneute Runde durch die Wohnung, um ganz sicherzugehen. Und während Sie erneut auf Knien in eine schlecht erreichbare Ecke krabbeln, steht die Samtpfote plötzlich neben Ihnen, schaut in dieselbe Ecke, gähnt vielleicht herzhaft und ist irritiert, was Sie denn da wohl machen. Ihre Katze hat eine Höhle gefunden, die nur sie selbst kennt. Vielleicht hinter den Handtüchern im Schrank oder hinter einem fast vergessenen Bücherstapel. Sie werden diesen Platz vermutlich nie oder nur durch einen Zufall finden. Also lassen Sie Ihrer Katze ihre Geheimnisse und versuchen Sie erst gar nicht, sie zu ergründen.

Darf die Katze ins Bett?

An dieser Frage scheiden sich die Geister. Es gibt Katzenfreunde, deren Katzen es an nichts mangelt, obwohl das Schlafzimmer eine Tabuzone ist. Ärzte, und zwar für Menschen und Katzen, raten oft dazu, Katzen nicht im Bett schlafen zu lassen, da es durchaus zu gegenseitiger Ansteckung mit verschiedenen Krankheiten kommen kann. Allerdings ist eine Katze im Bett durchaus auch ein Wohlfühlfaktor – für Mensch und Katze. Ich persönlich schreibe die Warnung der Ärzte in den Wind, genieße das wohlige Schnurren und eine spätabendliche Schmusestunde. Also entscheide jeder nach seiner persönlichen Vorliebe.

Tausend Möglichkeiten

Wie bereits erwähnt: Katzen stehen überhaupt nicht auf durchgestylte, minimalistische Designerwohnungen. Nackte Böden, leere Tische und kahle Fenster sind ihnen ein Graus. Möbel, auf die man klettern kann und darf und die gleichzeitig so hoch stehen, dass man darunter auch manchmal nach dem Rechten sehen kann, sind Pflicht im Katzenhaushalt; ebenso wie Dinge, die auf dem Tisch stehen, auf dem Boden liegen oder auf der Fensterbank wippen. In der Natur wäre der Stubentiger die meiste wache Zeit damit beschäftigt, sein Revier abzugehen, auf der Lauer zu liegen, Rivalen aufzuspüren. Das Revier draußen ändert sich ja ständig, mit den Jahreszeiten und den sonstigen Umständen.

Eine Wohnung ist zumeist immer – na ja, halt eine Wohnung. Wir kaufen nicht monatlich neue Pflanzen und stellen auch nicht allzu oft die Möbel um. Wenn Sie allerdings einige Möbel haben, die für Ihre Katze „freigegeben" sind, kann sie sich schon eine ganze Weile unterhalten. Ein Kratzbaum pro Zimmer ist besser als ein einziger in der Wohnung, ein extra Sessel oder Stuhl gehört auch in jeden Raum, am besten auf Füßen, damit die Katze auch darunterkrabbeln kann. Fensterbänke voller ungiftiger Pflanzen – mit genügend Zwischenraum für eine schlafende Katze – laden zum Schnuppern ein, und in einer Nische kann man prima den Katzenkollegen oder den Menschenbeinen auflauern. Dafür sind übrigens auch Wäschekörbe bestens geeignet.

Ein Karton oder eine Papiertüte (ohne Henkel) vom letzten Einkauf bergen mehr spannende Möglichkeiten als die teuerste Kuschelhöhle und das neueste Spielzeug. Ein alter Pullover, der eigentlich weggeworfen werden

Ein Spaziergang in luftiger Höhe an der Wand entlang sorgt für Abwechslung. (Foto: Schanz)

soll, ist ein wunderbarer Ersatz für eine Katzendecke. Schenken Sie ihn Ihrer Katze einfach so oder füllen Sie ein wenig Material wie zerknülltes Papier, Styroporkugeln oder Ähnliches hinein und nähen den Pullover dann zu. Bitte waschen Sie das alte Kleidungsstück vorher nicht – Ihre Katze liebt nicht etwa den bunten Stoff, sondern vor allem Ihren Duft, der noch in ihm hängt.

Auch aus sehr vielen anderen Dingen wie zum Beispiel einem alten Schuhkarton und Stücken einer Küchenrollenpappe zum Hineinkleben lassen sich beste Unterhaltungs-

möglichkeiten für Ihre Katze basteln. Lassen Sie Ihrer Kreativität freien Lauf, sofern Sie darauf achten, dass die Katze nichts Ungeeignetes verschlucken oder sich irgendwo verletzen kann.

„Die Katze ist das einzige Tier, das dem Menschen eingeredet hat, er müsse es erhalten, es brauche aber nichts dafür zu tun."

(Kurt Tucholsky)

(Foto: Schanz)

Gehegt und gepflegt

Fell, Zähne und Krallen

Prachtvolles Haarkleid

Fellpflege fängt bei der Ernährung an. Wenn Ihre Katze über das Futter alles bekommt, was sie für ihre Gesundheit benötigt, ist das Fell meist glatt und glänzend. Den Rest erledigt die Katze im Allgemeinen mit viel Geduld und ihrer rauen Zunge selbst. Manche Wohnungskatzen neigen, bedingt durch die meist zu trockene Raumluft, zu trockener und schuppender Haut. Hier können Sie Linderung verschaffen, indem Sie täglich einige Tropfen Weizenkeimöl oder einige Bierhefeflocken unter das Futter mischen.

Katzen mit kurzen oder halblangen Haaren benötigen eigentlich keine besondere Fellpflege. Dennoch ist regelmäßiges, sanftes Kämmen oder Bürsten meist ein wunderbar beruhigendes Ritual für Mensch und Katze. Und gerade während des Haarwechsels können Sie manche Wollmaus aus dem Fell Ihrer Katze kämmen, bevor alle Haare in den Teppich getreten sind.

Etwas schwieriger wird es bei Katzen mit langen Haaren, die zum Verfilzen neigen, oder bei alten, ungelenkigen oder zu dicken Katzen, die vor allem die schnell verklebenden Regionen rund um den Po nicht mehr selbst putzen können. Hier hilft, wenn es erst so weit gekommen ist, nur noch die Schere. Holen Sie jemanden zu Hilfe, der vorsichtig die betroffenen Haarstellen herausschneidet, während Sie die Katze gut festhalten und ihr freundlich zureden. Vermeiden lassen sich solch drastische Maßnahmen nur, wenn Sie sich um regelmäßige Fellpflege kümmern. Für langhaarige Katzen eignen sich Bürsten mit stumpfen Drahtborsten und breitzinkige Kämme; kurzhaarige können Sie auch mit einem Pflegehandschuh streicheln und dabei lose Haare entfernen.

Am duldsamsten wird Ihre Katze sein, wenn Sie vorher ausgiebig mit ihr gespielt haben. Sie ist dann ruhig, entspannt und vielleicht ein wenig müde. Beginnen Sie vorsichtig. Locken Sie sie auf Ihren Schoß oder den Teppich und streicheln und kraulen sie zunächst. Fangen Sie dann an, die Streichelbewegungen mit Bürste, Kamm oder dem Pflegehandschuh zu wiederholen. Wenn die Katze unruhig, unwillig oder gar aggressiv wird, machen Sie eine Pause. Kraulen Sie weiter, beschwichtigen Sie vielleicht mit ein wenig Trockenfutter oder ausnahmsweise einem Leckerchen. Wiederholen Sie dann die Prozedur, möglicherweise mit anderem Werkzeug und auf jeden Fall noch sanfter.

Meist gewöhnen sich Katzen bald daran und genießen es regelrecht, wenn sie kräftig

Mindestens einmal jährlich sollten die Zähne vom Tierarzt kontrolliert werden. (Foto: Schanz)

abgebürstet und durchgeschubbert werden. Vor allem, wenn am Ende immer eine besondere Belohnung wartet.

Mit Kamm und Bürste bitte immer nur in Fellwuchsrichtung arbeiten, sonst bürsten Sie mehr Knötchen hinein als hinaus und das Ziepen tut der Katze weh. Das nächste Mal wird Ihre Katze lieber unter dem Sofa übernachten, als erneut diese Folterwerkzeuge an sich heranzulassen. Haben Sie Knoten im Fell entdeckt, halten Sie die entsprechende Stelle am Haaransatz fest und kämmen vorsichtig mit einem grobzinkigen Kamm weiter, bis der Knoten gelöst ist, ebenso wie Sie es bei sich selbst machen würden.

Die feine Unterwolle von Kurzhaarkatzen lässt sich prima mit einem feinzinkigen Kunst-stoffkamm entfernen; lose Haare haften an einem feuchten Ledertuch oder feuchten Händen.

Die Zahnpflege

Trockenfutter übernimmt einen großen Teil der Zahnpflege. Durch das Knabbern entfernt es einen großen Teil der Beläge und beugt so Zahnstein vor. Vor allem die Zähne älterer Katzen sollten regelmäßig vom Tierarzt kontrolliert werden. Unter leichter Narkose kann er Zahnstein und schadhafte Zähne entfernen. Selbst wenn alle Zähne gezogen werden müssen, ist das für Ihre Katze kein Problem. Die Kieferplatten verhornen und sie kann „auf Felge" bald wieder Trockenfutter knabbern. Ich kenne sogar zahnlose Katzen mit Freigang, die noch regelmäßig Mäuse erlegen.

Zeig her deine Krallen

Vor allem Katzensenioren haben hin und wieder Probleme mit der Maniküre. Sie merken dies daran, dass die Katze häufig mit den Krallen hängen bleibt, etwa im Teppich oder im Sofa. Dann ist es sinnvoll, die Krallen mit einer speziellen Krallenschere vorsichtig und ganz ohne Schmerzen für Ihre Katze zu kürzen. Lassen Sie sich diese Pflegemaßnahme von Ihrem Tierarzt zeigen, damit Sie nicht zu viel wegschneiden und der Katze wehtun.

Badetag?

Die allermeisten Katzen sind wasserscheu und wehren sich ernsthaft, wenn man sie in das nasse Element bringen möchte. Normalerweise brauchen Katzen nicht gebadet zu werden. Zwingend und schnellstens notwendig wird dies allerdings, wenn das Fell mit giftigen Stoffen verunreinigt wurde, etwa mit Reiniger, Farbe oder synthetischem Öl. Holen Sie sich auf jeden Fall Hilfe – und Handschuhe –, shampoonieren Sie die Katze möglichst mit einem Tiershampoo und waschen es mit handwarmem Wasser sorgfältig wieder aus.

Anschließend muss die Katze gut abgetrocknet werden. Vielleicht lässt sie sich einen leisen, angenehm warmen Föhn gefallen. Sonst bieten Sie ihr ein Plätzchen unter Rotlicht oder auf der Heizung an, damit sie sich nicht auch noch erkältet. Und wundern Sie sich nicht, wenn sie anschließend tagelang beleidigt ist. Die Alternative zu dieser Prozedur ist ein schneller Besuch beim Tierarzt.

Der Gang zum Tierarzt

Auch eine gepflegte und umsorgte Wohnungskatze sollte einmal jährlich zum Tierarzt für Schutzimpfungen, Wurmkuren und eine Kontrolle des Allgemeinbefindens. Ich empfinde es als sehr beruhigend, wenn ein Fachmann meine Katzen regelmäßig begutachtet und eventuell langsam entstehende Krankheiten frühzeitig entdeckt, sodass man gleich gegensteuern kann. Für den Verletzungs- oder Krankheitsfall ist es wichtig, dass Sie einen guten Tierarzt finden, an den Sie sich in einer Notsituation schnell wenden können.

Die Entfernung zur Praxis ist sicherlich ein Grund für die Wahl, denn niemand fährt gern mit einem verängstigten, jämmerlich klagenden Tier quer durch die Stadt, wenn es zwei Straßen weiter schon gut versorgt werden kann.

Weitere Kriterien für beziehungsweise gegen eine Praxis sind die Öffnungszeiten und die Ausstattung. Vielleicht haben Sie auch von anderen Katzenfreunden eine Empfehlung für oder gegen einen Tierarzt bekommen. Hierbei sollten Sie aber ein wenig vorsichtig sein, denn bei den Doktoren für unsere Katzen ist es wie bei den Doktoren für uns selbst: Der eine Nachbar kann ihn – oder sie – gar nicht hoch genug loben und würde am liebsten gleich in der Praxis einziehen, der andere Nachbar hat nur verächtliche Worte und schlimmste Beispiele parat.

Fragen Sie in der Praxis Ihrer Wahl ruhig nach, ob zum Beispiel Röntgen- und Ultraschallgeräte zur Diagnostik zur Verfügung stehen, ob die Katze im Notfall auch stationär aufgenommen werden kann und ob der Tierarzt ergänzend naturheilkundliche Verfahren anbietet.

Bedenken Sie, dass der Tierarzt Ihre Katze behandeln und nicht Sie unterhalten soll.

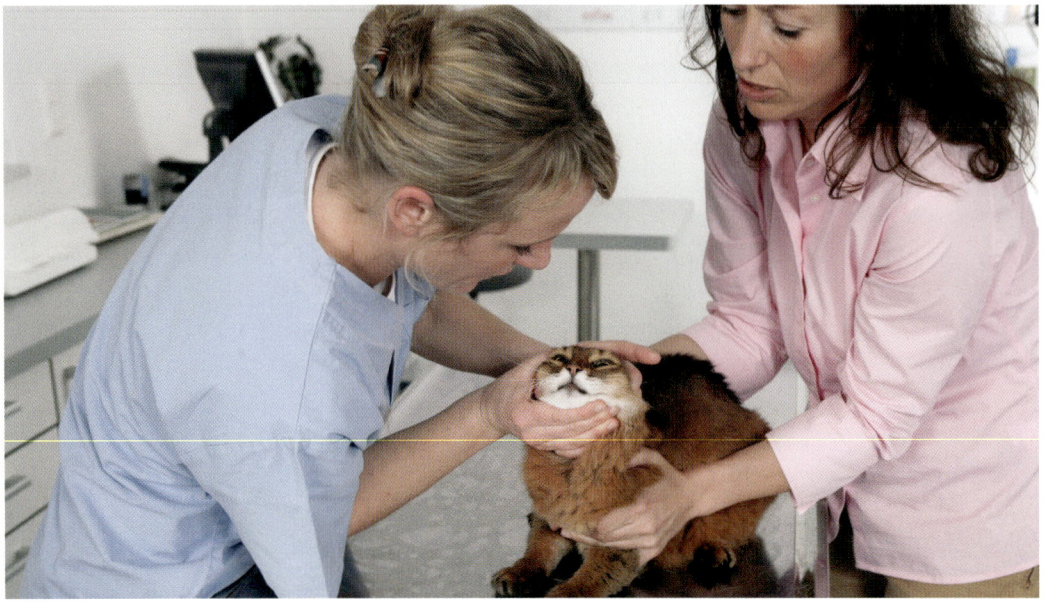

Katzen verbergen gern, wenn es ihnen schlecht geht. Deshalb sind Krankheitsanzeichen sehr ernst zu nehmen.
(Foto: Schanz)

Manche veterinärmedizinische Koryphäe konzentriert sich so auf das Tier und die Behandlung, dass Sie sich vielleicht ein wenig fehl am Platz fühlen. Ihre Fragen sollte aber jeder Tierarzt geduldig und ausführlich beantworten und Ihre Katze sollte er mit Ruhe und Respekt behandeln. Und wenn Sie nach einer Routinebehandlung das Gefühl haben, in der entsprechenden Tierarztpraxis nicht gut aufgehoben zu sein, muten Sie sich und Ihrer Katze in Zukunft lieber weitere Wege zu.

Impfungen retten Leben

Auch ausschließlich in der Wohnung gehaltene Katzen können an einer Infektion erkranken, sodass Impfungen auch für sie notwendig sind. Mit unseren Schuhen tragen wir permanent Krankheitserreger in die Wohnung, einige davon stammen möglicherweise von infizierten Katzen und können unsere Salonlöwen anstecken. Wichtig sind insbesondere Impfungen gegen die meist tödlich endende Katzenseuche und den gefährlichen Katzenschnupfen. Außerdem ist es möglicherweise sinnvoll, Ihre Katze gegen FIP (infektiöse Bauchwassersucht) und FeLV (Leukose) zu impfen. Beraten Sie sich mit dem Tierarzt Ihres Vertrauens über den Impfrhythmus.

Würmer und Flöhe

Würmer beziehungsweise Wurmeier kommen ebenfalls mit unseren Schuhen ins Haus, aber auch mit Insekten, die durch das offene Fenster fliegen. Beugen Sie mit regelmäßigen Wurmkuren vor, denn wenn Sie erst Würmer im Kot der Tiere entdecken, sind diese bereits ernsthaft von den Parasiten befallen.

Auch Flöhe können in die Wohnung eingeschleppt werden. Wenn Ihre Katze Flöhe hat, merken Sie dies nicht nur am häufigen Kratzen, sondern auch an winzigen schwarzen Plättchen (Flohkot), die sich beim Kämmen oder auf den Liegeplätzen zeigen. Beim Tierarzt bekommen Sie verschiedene Mittel, die den lästigen Plagegeistern den Garaus machen. Vergessen Sie nicht, gleich ein Mittel für die Wohnung mitzunehmen, und reinigen Sie diese gründlich, denn Floheier können ein ganzes Jahr überleben.

Beträufeln Sie Ihre Katze niemals mit Teebaumöl, das angeblich Flöhe vertreiben und Wunden heilen soll. Beim Putzen leckt sie die Reste aus dem Fell. Die giftigen Inhaltsstoffe werden von der Katze nicht wieder ausgeschieden, sammeln sich im Körper an und können zu Abmagerung, Zittern, Krämpfen und nicht selten sogar zum Tod der Katze führen.

Kastration

Ein verantwortungsbewusster Katzenhalter, der kein Züchter ist, lässt seine Katze unbedingt kastrieren. Sowohl männliche als auch weibliche Tiere werden immer kastriert und nicht etwa, wie manchmal fälschlicherweise behauptet, sterilisiert. Denn bei der Sterilisation würden die Katzen durch die Durchtrennung der Eileiter beziehungsweise der Samenleiter lediglich unfruchtbar gemacht; ihr Sexualtrieb mit allen Begleiterscheinungen wie Markieren der Wohnung, Schreien, Unruhe und so weiter bliebe bestehen. Bei der Kastration werden die Keimdrüsen – bei der Katze die Eierstöcke, beim Kater die Hoden – operativ entfernt. Dadurch werden auch keine Sexualhormone mehr produziert, sodass der Sexualtrieb entfällt. Dies hat für Sie als Halter von Wohnungskatzen ebenso wie für die Katzen selbst ausschließlich Vorteile. So liegt die Lebenserwartung von kastrierten Tieren deutlich über der von unkastrierten. Nach der Kastration haben Sie ein ruhigeres, ausgeglicheneres, anhänglicheres und meist gesünderes Tier, mit dem das Zusammenleben ein Vergnügen ist.

Wenn Sie also eine junge Katze zu sich nehmen, erkundigen Sie sich bei Ihrem Tierarzt rechtzeitig nach dem geeigneten Kastrationstermin. Falls Sie sich für eine erwachsene Katze entschieden haben und diese noch nicht kastriert ist, lassen Sie Ihre Katze umgehend kastrieren, vor allem, damit sie erst gar nicht in Versuchung kommt, die Wohnung mit Urinspritzern zu markieren. Der scharfe und penetrante Geruch ist kaum wegzubekommen und verleitet die Katze mit ihrer feinen Nase, selbst nach der Kastration, den Teppich mit dem Katzenklo zu verwechseln.

Achtung, Notfall!

Bei Verletzungen, offenen Wunden, Verbrennungen oder Humpeln ist unverzügliche tierärztliche Hilfe erforderlich. Erkundigen Sie sich vorab über die Notfallsprechzeiten Ihres Tierarztes und notieren Sie sich wichtige Rufnummern neben dem Telefon.

Suchen Sie außerdem so bald wie möglich mit Ihrer Katze den Tierarzt auf, wenn Sie folgende Anzeichen bemerken:

- Trübe oder tränende Augen
- Husten, Niesen, laufende Nase
- Struppiges oder stumpfes Fell
- Futterverweigerung über mehr als 24 Stunden
- Plötzliche Mattigkeit bis hin zur Apathie (wenn die Katze nicht mehr auf Rufe, Füttergeräusche oder sonstige typische Aktionsauslöser reagiert)
- Erbrechen (außer dem Auswürgen von Haaren oder dem Erbrechen von zu viel Nahrung)
- Durchfall, der länger als einen Tag andauert

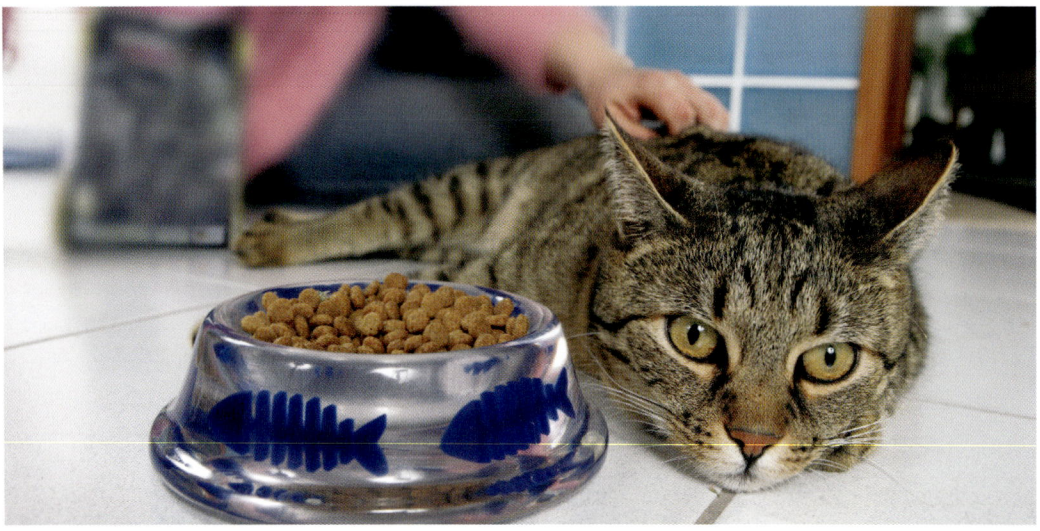

Wenn die Katze krank erscheint und selbst das Lieblingsfutter verschmäht wird, ist es höchste Zeit, der Ursache auf den Grund zu gehen. (Foto: Schanz)

- Verstopfung (schwieriges Absetzen von sehr hartem Kot)
- Speicheln oder wiederholtes Erbrechen von möglicherweise blutigem Schaum
- Blasse Haut und Schleimhäute
- Stark erweiterte Pupillen selbst bei hellem Licht und im Ruhezustand
- Hecheln
- Akute Unruhe (dauerhaftes Hin-und-her-Laufen, Ablegen und Aufstehen)
- Blasenprobleme (häufiges Absetzen weniger Tropfen Urin, möglicherweise auch neben der Katzentoilette)
- Erhöhte Flüssigkeitsaufnahme (die Katze trinkt deutlich mehr als gewöhnlich, obwohl sie das gleiche Futter wie zuvor zu sich nimmt)

Diese Anzeichen sind vielleicht nur der Hinweis auf eine kurze und harmlose Befindlichkeitsstörung, sie können aber auch durch eine ernst zu nehmende Erkrankung bedingt sein. Katzen haben in der Natur keine Möglichkeit, sich krankschreiben zu lassen und Schwäche zu zeigen. Ihr Körper unterdrückt die Symptome auch ernster Erkrankungen so lange wie möglich. Wenn die Katze also offensichtlich krank erscheint, ist Eile geboten. Die Tatsache, dass Ihre Katze weiterhin schnurrt, gibt keinen Grund zu der Annahme, dass sie sich trotz aller Warnhinweise wohlfühlt. Katzen schnurren auch in Situationen, in denen sie hilflos sind oder um sich selbst zu beruhigen. Generell gilt: Lieber einmal zu viel zum Tierarzt als einmal zu wenig.

Naturheilverfahren für Katzen

Katzen reagieren oft sehr gut auf homöopathische Mittel, die ergänzend zu einer schulmedizinischen Behandlung oder in leichten Fällen auch ausschließlich gegeben werden können. Wenn Ihre Katze krank erscheint, sollten Sie zwar nicht mit Homöopathika experimentieren, sondern zunächst durch einen Tierarzt oder Tierheilpraktiker herausfinden

Wenn Ihre Katze Sie viele Jahre begleitet hat, ist es selbstverständlich, in der Stunde des Abschieds bei ihr zu sein. (Foto: Schanz)

lassen, woran Ihre Katze leidet. Ist jedoch die Diagnose erst einmal gestellt, gibt es keinen Grund, entsprechende Therapien nicht zumindest begleitend einzusetzen. Dies gilt ebenso für die Pflanzenheilkunde, für Akupunktur, Bioresonanztherapie und etliche weitere Verfahren der ganzheitlichen Medizin.

Speziell Bachblüten, bestimmte aufbereitete Pflanzenauszüge, zeigen bei Katzen zum Teil ganz beeindruckende Wirkungen. Besonders bei seelischen Problemen können gute Ergebnisse erzielt werden. Etwas problematisch ist der Einsatz lediglich, da die Auszüge der Pflanzen meist als alkoholische Lösung vorliegen und nicht immer Gnade vor der empfindlichen Katzennase finden. Allerdings gibt es Bachblüten und Bachblütenkombinationen auch als Globuli, kleine Kügelchen, die sich gut unter das Futter mischen lassen.

Der Vorteil der Bachblüten ist, dass Sie keine Nebenwirkungen befürchten müssen. Wahlloses Herumexperimentieren ist dennoch nicht zu empfehlen. Holen Sie den Rat eines Experten ein, um sicherzugehen, dass Ihre Katze die passende Mischung bekommt. Sinnvoll für Notfallsituationen sind die sogenannten Rescue-Tropfen (auch als Globuli erhältlich). Sie können zum Beispiel auch beim Transport der Katze Ängste lindern.

Abschied

Auch wenn wir es nicht wahrhaben wollen: Eines Tages kommt der Abschied. Zögern Sie dann nicht, Ihrem Tierarzt Vertrauen zu schenken, wenn er Ihnen sagt, dass eine Verlängerung des Lebens Ihres Lieblings Leiden bedeuten würde. Bleiben Sie in der Stunde des Abschieds bei Ihrer Katze, sprechen Sie beruhigend mit ihr und entlassen Sie sie in eine Welt ohne Schmerzen. Sagen Sie nicht: „Ich kann das nicht ertragen." Ihre Katze hat Ihnen ein Leben lang so viel gegeben, dass sie diesen Ausweg ohne weitere Leiden und mit dem Trost ihres vertrauten Menschen verdient hat.

> Keine Katze ist falsch. Es gibt wenige Tiere, in deren Gesicht der Kundige so eindeutig die augenblickliche Stimmung lesen könnte wie in dem der Katze.
>
> (Konrad Lorenz)

(Foto: Schanz)

Harmonie zwischen Mensch und Katze

Kommunikationsirrtümer

Wenn wir mit Artgenossen kommunizieren, tun wir das mit Worten und Gesten und wissen aus lebenslanger Erfahrung, was wie gemeint ist. Katzen können sich nicht in Worte fassen, „Kommunikatzion" funktioniert fast ausschließlich über Mimik und Gestik, wenn man von abwehrendem Fauchen zur Abschreckung von Gegnern absieht. Leider haben wir diese Katzensprache bislang nicht gelernt und ziehen aus dem Verhalten, da es unseren Erfahrungen oft völlig widerspricht, häufig Fehlschlüsse.

So ist ein zuckender, peitschender Schwanz nicht etwa, wie bei Hunden, ein Zeichen der Freude, sondern der äußersten Erregung, weil die Katze sich zum Beispiel auf eine mögliche Beute wie ein Spielzeug oder auch Ihren wippenden Fuß konzentriert oder weil sie sich unter Druck gesetzt fühlt. Wenn Sie nun auf sie zugehen, kann es zum Angriff kommen. Das hat nichts mit Aggressivität zu tun. Lassen Sie sie in solch einem Moment lieber in Ruhe, gehen Sie ihr aus dem Weg oder spielen Sie mit ihr, bis die Erregung abgeklungen ist.

Liegt Ihre Katze auf dem Rücken, alle viere in die Luft gestreckt, und döst vor sich hin, lädt der Bauch unweigerlich zum Kraulen ein. Doch gerade diese Rückenlage signalisiert auch Alarmbereitschaft. Ihre Krallen sind vorsichtshalber einem möglichen Angreifer entgegengereckt. Wenn Sie in diesem Fall nicht widerstehen können und in das weiche Fell greifen, haben Sie sicher sofort die Krallen im Arm. Sagen Sie jetzt bitte nicht, Ihre Katze hätte Sie nicht gewarnt.

Ihre Katze mag es auch nicht, unverblümt angestarrt zu werden. Je aufdringlicher Sie sie ansehen, desto mehr wird sie sich zurückziehen, da sie sich von Ihnen bedroht fühlt. Zwinkern Sie ihr lieber zu, kneifen Sie langsam beide Augen zu. Wenn Ihre Katze sich wohlfühlt, wird sie zurückzwinkern, und Sie wissen, dass alles gut ist.

Wenn Ihre Katze etwas angestellt hat, was Ihnen nicht gefällt, werden Sie möglicherweise mit ihr schimpfen, selbst dann, wenn die Untat erst viel später entdeckt wurde. Vergebene Mühe, denn Ihre Katze kann den Zusammenhang zwischen dem zurückliegenden Ereignis und Ihrer Reaktion nicht herstellen. Sie werden bestenfalls auf Unverständnis stoßen und schlimmstenfalls erreichen, dass Ihre Katze irritiert und verschreckt ist und sich noch ungebührlicher verhält. Vergessen Sie alte „gute" Ratschläge, die zum Beispiel empfehlen, eine unsaubere Katze mit der Nase in die gefundene Pfütze zu drücken und kräftig auszuschimpfen. Das ist so ziemlich das

Eine eindeutige Abwehrgeste. Lassen Sie Ihre Katze n diesem Moment in Ruhe. (Foto: Schanz)

Dümmste, was Sie tun können. Die Liste weiterer Beispiele ist lang und würde ein eigenes Buch füllen.

Zwiegespräche

Im Allgemeinen lieben Katzen eine gepflegte Unterhaltung. Es gibt richtige Quasselstrippen, die Ihnen in einer Vielzahl unterschiedlicher Maunzlaute berichten, was sie während Ihrer Abwesenheit erlebt haben, sich über Langeweile oder den feuchten Balkonfußboden beschweren. Katzen benutzen diese Laute nur, um mit Menschen zu sprechen, untereinander geben sie abgesehen vom Katzengesang beim Paarungs- und Revierverhalten höchstens mal ein prustendes „Brrp" oder ein leises „Meck" von sich. Antworten Sie Ihrer Katze ruhig, sie wird sich sehr über diese Aufmerksamkeit freuen.

Sie freut sich auch, wenn sie etwas erzählt bekommt. Egal ob Sie erklären, was Sie gerade in den Kochtopf füllen, oder über Ihre Arbeit berichten, Ihrer Katze kommt es nur auf den aufmerksamen, liebevollen Tonfall an. Am liebsten hat sie es, wenn Sie mit leiser freundlicher und nicht zu tiefer Stimme mit ihr reden. Heben Sie Ihre Stimme doch ein klein wenig an, und Ihre Katze wird glücklich sein, egal ob Sie Mann oder Frau sind.

Bewegung

Je lauter Sie sich bewegen, je ausladender und hektischer Ihre Gesten sind, umso mehr wird Ihre Katze sich vor Ihnen in Sicherheit bringen. Bewegen Sie sich leise und rücksichtsvoll, und schon fühlt Ihre Katze sich wieder wohl. Fassen Sie sie bitte auch nicht überraschend an oder heben sie gar unangekündigt hoch. Ihre Katze wird sich erschrecken und sofort die Krallen ausfahren. Sprechen Sie sie kurz an, damit sie sich auf das Kommende einstellen kann.

Trotz aller Vorsicht wird es Ihnen hin und wieder passieren, dass Sie Ihre Katze ungewollt treten, weil sie Ihnen wieselflink vor die Füße läuft. Und dann wird sie recht beleidigt oder gar verschreckt sein, denn sie kann überhaupt nicht einsehen, womit sie eine solche Behandlung verdient hat. Je nach Temperament der Katze sollte Ihre Reaktion aus freundlichen, entschuldigenden Worten, ausführlichen Streicheleinheiten und einer tröstenden Knabberei bestehen. Oder aus Respekt vor dem vorübergehenden Rückzug der Katze, bis sie sicher ist, dass die Luft wieder rein ist.

Wenn Sie Ihrer Katze gut zuhören, werden Sie schnell merken, wann die richtige Zeit für Schmusestunden ist. (Foto: Schanz)

Schonung für das Katzenohr

Der Hörbereich einer Katze reicht bis zu einer Frequenz von 65 000 Hertz, also weit in den Ultraschallbereich hinein. Ihre Ohren sind somit dreimal empfindlicher als unsere. Hier haben Sie die Erklärung dafür, dass Ihre völlig entspannte Katze inmitten himmlischer Ruhe plötzlich aufschreckt, mit aufgerissenen Augen in eine bestimmte Richtung starrt und sich minutenlang nicht ablenken lässt, sich vielleicht sogar auf die Suche nach diesem „Gespenst" begibt: Sie hat etwas gehört, was Sie nur mit sensiblen Messgeräten wahrnehmen könnten.

Klar, dass sie Reißaus nimmt, wenn Fernseher oder Stereoanlage auf „volle Pulle" gestellt werden. Falls Ihre Katze trotzdem im größten Lärm den Schlaf der Gerechten schläft, zeigt das, dass sie sich in der Wohnung trotz der Geräuschkulisse absolut sicher fühlt.

Schalten Sie alle Elektrogeräte komplett aus, nicht nur auf Stand-by, wenn Sie sie nicht benutzen. Denn auch im Stand-by-Modus geben die meisten Geräte noch Geräusche im Ultraschallbereich ab, die die Ohren Ihrer Katze malträtieren. Nicht selten findet sich hierin die Erklärung für nächtliche Hyperaktivität.

Schmusestunde

Manche Katzen sind richtige Schmusetiger. Sie ziehen auf dem Schoß ihres Menschen ein und sind dort kaum wieder wegzubekommen. Solch eine Katze wird nicht nur gern gestreichelt, sondern lässt sich mit Begeisterung kraulen, schubbern, massieren oder geradezu durchkneten, auch mal gegen den Strich.

Manche Katzen lieben es, am Bauch gekrault zu werden, bei anderen hingegen werden Sie schnell die Krallen zu spüren bekommen. (Foto: Schanz)

Andere Katzen denken leider nicht im Traum daran, auf den Schoß zu kommen, selbst wenn dieser unter einer Decke versteckt ist. Hebt man sie hoch, werden sie sich sanft, aber bestimmt dem Zugriff entwinden. Stattdessen setzen sie sich fordernd vor ihren Menschen auf den Tisch oder den Fußboden und holen sich dort ihre Streicheleinheiten ab, die möglicherweise genauso intensiv ausfallen können wie bei einer echten Schoßkatze.

Wieder andere Katzen mögen es zwar, sanft vom Kopf zum Schwanzansatz gestreichelt oder zwischen den Ohren oder unterm Kinn gekrault zu werden, aber mehr Nähe ist ihnen zuwider.

Finden Sie vorsichtig heraus, zu welchem Typ Ihre Katze gehört, und gehen Sie darauf ein. Wenn sie nicht mag, hilft auch kein „Zwangskraulen", aber was nicht ist, kann ja noch werden.

Und man kann sie doch erziehen

Katzen kann man nicht dressieren wie Hunde. Dennoch können sie lernen, bestimmte Regeln des Zusammenlebens zu akzeptieren. Soll Ihre Katze etwas nicht tun, nehmen Sie sie ruhig weg, sagen Sie laut und deutlich „Nein" und bringen sie an einen erlaubten Platz. Dies funktioniert natürlich nicht beim ersten Versuch. Es schadet auch nichts, wenn Sie mit lautem Händeklatschen, dem Strahl aus einer Wasserpistole oder einem in die

Kratzer und Bisse

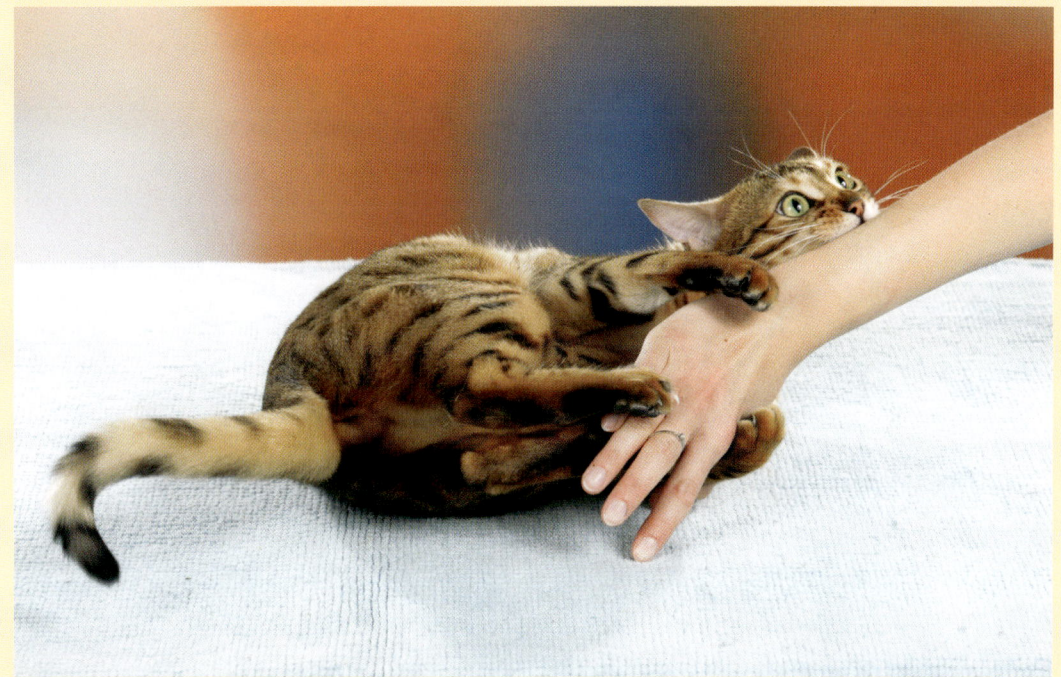

Als die Katze noch jung war, hat es Ihnen vielleicht nichts ausgemacht, Ihre Hand als Beute anzubieten. Aber wenn erwachsene Stubentiger zulangen, tut es schnell weh. Ziehen Sie Ihre Hand vorsichtig weg, ignorieren Sie die Katze eine Weile und bieten Sie danach nur noch katzengerechtes Spielzeug an. (Foto: Schanz)

Lernt eine Katze erst einmal, wie amüsant das Spielen mit menschlichen Fingern oder Zehen sein kann, wird sie gern zugreifen, wenn die Beute sich bewegt, also nicht nur bei gewolltem Spiel, sondern auch bei unbedachten Bewegungen wie dem Zehenwackeln unter der Bettdecke. Vor allem Katzenkinder reagieren sehr gut auf menschliche Beute. Da hilft nur das Einstellen der Bewegungen, energisches Wegschieben und ein ausreichendes Angebot an anderem Spielzeug.

Auch gegen Bedrohungen wehrt sich eine Katze mit Zähnen und Klauen. Als Bedrohung kann Ihre Katze schon ungewolltes oder überraschendes Hochheben oder Festhalten an-

sehen. Manchmal lässt sich solches Festhalten allerdings nicht vermeiden, etwa wenn die Katze Medizin bekommen oder in den verhassten Transportkorb verfrachtet werden muss. Hier hilft nur beherztes Zupacken und Festhalten im Nackengriff und der Schutz der Hände durch Handschuhe.

Für den Notfall sollten Sie immer ein jodhaltiges Desinfektionsmittel aus der Apotheke im Haus haben, mit dem Sie kleinere Kratzer behandeln können. Eine Bisswunde sollte immer sofort ärztlich kontrolliert und gereinigt werden, die Entzündungsgefahr ist groß. Achten Sie außerdem unbedingt auf einen aktuellen Tetanusimpfschutz.

Ein Spritzer Wasser zeigt der Katze ebenso wie kräftiges Anpusten ihre Grenzen. (Foto: Schanz)

direkte Nähe (aber niemals auf die Katze) geworfenen klimpernden Gegenstand wie einem Schlüsselbund das siebte oder achte „Nein" unterstreichen. Anschreien, hinterherlaufen oder gar schlagen (was Sie niemals, wirklich niemals tun dürfen) bringt dagegen keinen Fortschritt. Es hilft nur Konsequenz. Durfte die Katze nur ein einziges Mal in Ihrem Beisein an der Sessellehne kratzen, wurde ihr vornehmes Betteln bei Tisch nur ein einziges Mal mit einem Häppchen belohnt, dann haben Sie schon fast verloren. Überlegen Sie also gut, was Sie ihr verbieten möchten und wie viel Disziplin Ihnen das wert ist.

Nicht alles durchgehen lassen

Wenn Ihre Katze ausschließlich das Futter verweigert, weil sie eigentlich das teure Ragout aus dem Aluschälchen bevorzugt, und sie ansonsten kerngesund wirkt, schadet es nicht, sie einmal einen Tag hungern zu lassen. Auch die Unart, morgens um sieben oder gar um sechs Uhr auf der Bettdecke zu randalieren, um endlich Frühstück zu bekommen, haben wir Menschen ihr beigebracht. Die Katze hat gelernt, dass wir aufstehen und füttern, sobald sie uns nur genug auf die Nerven geht. Es schadet keiner Katze, das Futter zu einer von Ihnen bestimmten Zeit zu bekommen, so sehr sie auch einen präzisen, wohlgeordneten Tagesablauf liebt. Haben Sie je von einer Maus gehört, die pünktlich in ein geöffnetes Katzenmaul springt, nur weil die Katze Theater macht? Nein, die Draußenkatze muss so lange hungern, bis das Jagdglück ihr hold ist.

Lernen von der Katzenmutter

Schieben Sie die Katze weg. Wenn das nicht ausreichen sollte, pusten Sie sie an. Katzenmütter erziehen auf diese Art ihre Jungen. Sie fauchen die Kätzchen an und geben so zu verstehen: „Jetzt nicht", oder: „Das ist falsch." Ihre Katze interpretiert Ihr Pusten als das Fauchen der Mutterkatze. Sie ist zwar beleidigt ob der Zurückweisung, aber sie hat gelernt, dass ihr Mensch dieses Verhalten, zumindest im Moment, nicht mag.

Setzen Sie diese Erziehungsmaßnahme aber bitte sparsam ein und nur gegen unerwünschtes Verhalten. Eine Katze, die jedes Mal „angefaucht" wird, wenn sie schmusen oder spielen möchte, wird sich bald frustriert zurückziehen und mehr Unarten auf Lager haben, als Sie sich je träumen ließen.

Eine geschlossene Toilette kann der Grund für Unsauberkeit sein. (Foto: Schanz)

Was tun bei Verhaltensauffälligkeiten?

1990 habe ich meine ersten Katzen als Tierschutzfälle in eine reine Wohnungshaltung übernommen und mich seit dieser Zeit aktiv mit dem Thema Katzenschutz beschäftigt. Problemfälle für Tierschützer sind – neben der Versorgung und Kastration herrenloser Streuner – vor allem Katzen in einer Wohnungshaltung. Daraus erklärt sich sicherlich auch die Aversion einiger Katzenfreunde gegen diese Art der Haltung, die oft als nicht katzengerecht oder gar Tierquälerei bezeichnet wird. Wenngleich ein Haus auf dem Land mit viel Freiraum sicherlich das höchste Katzenglück ist, ist das Problem meist nicht die Tatsache, dass eine Katze nur in der Wohnung lebt, sondern wie diese eingerichtet ist, wie viel Zeit der Katze gewidmet wird und wie Menschen mit den Stubentigern umgehen.

Wenn Katzen abgegeben werden sollen, handelt es sich meist um Katzen aus Wohnungshaltung, und nach langer Beratung stellt sich oft heraus, dass Allergie, Zeitmangel oder Wohnungswechsel nur vorgeschoben waren und die Katze abgegeben werden soll, weil sie verhaltensauffällig ist, also ihr Verhalten Probleme macht.

An erster Stelle steht die Unsauberkeit: Eine Katze pinkelt plötzlich neben das Klo, auf das Sofa oder ins Bett. Auch Kratzen an Möbeln und Aggressivität gegenüber den Menschen, vor allem gegenüber Kindern, werden oft angeführt. Und dann sind da noch die Katzen, die vor lauter Angst nur unter dem Bett oder dem Schrank wohnen. Ganz gleich, wie sich ein Verhaltensproblem äußert: Eigentlich gibt es nur drei Ursachen.

1. Medizinische Indikation: Oft liegt ein medizinisches Problem vor, wenn eine Katze sich „falsch" benimmt. Nicht kastrierte Katzen und Kater zum Beispiel neigen dazu, ihr Revier zu markieren, und zwar mit streng riechendem Urin. Eine rollige Katze ist aufdringlich bis nervtötend. Sie kann nächtelang randalieren und schreien, um ins Freie zum nächsten Kater zu kommen, ebenso wie ein eingesperrter potenter Kater, der eine rollige Katze vor dem Fenster sitzen sieht.

Blasen- und Harnwegserkrankungen bringen fast immer Unsauberkeit mit sich, da eine erkrankte Katze ständigen Harndrang und Schmerzen hat und den Weg bis zur Katzentoilette nicht schafft..

Aggressivität bei Berührungen kann auf Schmerzen zurückzuführen sein. Gelenkbeschwerden, organische Probleme oder Tumorerkrankungen können Ihrer Katze so wehtun, dass sie Sie wegkratzt oder beißt, wenn Sie die entsprechende Stelle oder Region berühren. Selbst das plötzliche dauerhafte Verstecken kann gesundheitliche Gründe haben. Katzen als Raubtiere wissen instinktiv: Wenn sie krank und schwach sind, sind sie angreifbar und eine leichte Beute. Also verstecken sie sich, bis sie wieder gesund sind. Oder leider tot.

2. Ernsthafte psychische Störung: Ganz selten kann auch eine Katze eine psychische Erkrankung haben. Ich kenne viele Katzen und Katzenhalter, habe aber von solchen Fällen bislang nur über mehrere Ecken gehört. Dennoch, die Möglichkeit besteht und sollte nicht ausgeschlossen werden.

Außerdem kann es vorkommen, dass eine Katze dauerhaft oder kurzfristig traumatisiert wird. Vielleicht wurde unter Ihrer Wohnung ein Loch in die Decke gebohrt, genau an der Stelle, über der die Katzentoilette steht und genau in dem Moment, als Ihre Katze sich zum Geschäft zurückzog. Das würde erklären, warum sie das Klo meidet und lieber in die Ecke macht. Hier kann schon eine neue Toilette an einer anderen Stelle Abhilfe schaffen.

3. Missverständnisse, Kommunikationsprobleme, Kummer, Langeweile: In den meisten Fällen lassen sich die sogenannten Verhaltensprobleme durch einfache Missverständnisse erklären. Ihre Katze möchte Ihnen etwas mitteilen und Sie verstehen nur Bahnhof. Nicht selten ist Unterbeschäftigung oder gähnende Langeweile einer der Hauptgründe. Ihre Katze hat nichts zu tun und Sie kümmern sich nicht. Wenn Sie nun wenigstens mit ihr schimpfen, ist das immerhin ein wenig Abwechslung im eintönigen Katzenalltag.

Aber auch Missbilligung von Neuheiten, sei es die geänderte Katzenstreu, die neue Küche oder gar der Familiennachwuchs, können die Katze so stressen, dass sie „Unsinn" macht. Neues riecht neu, steht plötzlich an sonst freien Stellen oder macht katzenohrenbetäubenden Lärm. Gerade Familienzuwachs, ob in Form von Kindern oder weiteren Haustieren, kann dazu führen, dass Sie sich plötzlich weniger – aus Sicht Ihrer Katze zu wenig – um sie kümmern können. Protest ist da vorprogrammiert.

Sie werden sich über die Einfälle und Ausfälle Ihrer Katze ärgern und sie manchmal auf den Mond wünschen. Aber bitte bedenken Sie: Ihre Katze möchte Sie nicht ärgern. Sie möchte lediglich das, was wir uns alle wünschen: glücklich und zufrieden leben. Eigentlich ist die Katze ein draußen lebendes Raubtier, den ganzen Tag gefordert und beschäftigt. Als Sie sie in Ihre Wohnung holten, haben Sie ihr doch irgendwie versprochen, ihr ein schönes, möglichst artgerechtes Leben in vier Wänden zu ermöglichen. Wenn also eine Katze vermeintliche Unarten entwickelt, sollte immer zuerst nach einem gesundheitlichen Problem gesucht werden. Beobachten Sie genau, wann die Katze wie reagiert und schildern Sie das Verhalten so genau wie möglich Ihrem Tierarzt oder Tierheilpraktiker. So kann am besten nach der Ursache gesucht werden.

Wenn medizinische Probleme nicht der Grund für das unerwünschte Verhalten sind, beobachten Sie Ihre Katze weiter. Wann oder worauf reagiert sie so, dass es zu Problemen kommt? Oft lassen sich mit einigen zusätzlichen Einrichtungsgegenständen oder einem kleinen Umbau viele Probleme lösen.

Auch ein plötzlicher Wechsel im Tagesrhythmus kann zu Verhaltensproblemen führen. Wenn Sie etwa plötzlich andere oder längere Abwesenheitszeiten haben, muss Ihre Katze sich vielleicht erst neu orientieren. Mit Geduld und Zuwendung kann dann schon viel erreicht werden.

In schwierigen Fällen hilft oft ein Gespräch mit einem Tierpsychologen. Fast immer lässt sich bei Verhaltensproblemen die eigentliche Ursache aufspüren und kann dann auch abgestellt werden. So wird das Zusammenleben zwischen Mensch und Katze wieder harmonisch.

Wohlfühlspray

Wenn eine Katze sich an einem Ort sicher und zu Hause fühlt, streift sie mit ihrem Kopf über die erreichbaren Oberflächen. Damit verteilt sie Duftstoffe, sogenannte Pheromone, aus ihren Drüsen und kennzeichnet die verschiedensten Dinge als bekannt und zu ihr gehörig. Synthetisch hergestellte Gesichtspheromone, als Spray im Fachhandel oder beim Tierarzt erhältlich, geben mit ihrem Duft der Katze eben dieses Gefühl von Sicherheit. Es gibt auch einen Zerstäuber für die Steckdose, der die ganze Wohnung beduftet. Eine Anwendung empfiehlt sich besonders nach dem Einzug der Katze, einem Umzug, nach Schrecksituationen oder bei besonders scheuen und ängstlichen Katzen.

Mit dem Spray kann man fremde Einrichtungsgegenstände schnell zum guten Freund der Katze machen. Manchmal wirkt es sogar gegen Harnmarkierungen. Allerdings gibt es auch Katzen, die mit diesem Duft aus der Dose gar nicht zu beeindrucken sind, und er kann sowieso nur unterstützend wirken, ist kein Ersatz für eine Überprüfung und gegebenenfalls Verbesserung der Haltungsbedingungen und wird Ihre Katze nicht von jetzt auf gleich völlig umkrempeln.

Sie ist ganz Spielzeug, und ich habe es längst aufgegeben, Ernsteres von ihr zu erwarten. Es liegt nicht in ihr. Sie ist mir Schauspiel, Augenweide, Zirkusschönheit, im Hoch- und Weitsprung gleich ausgezeichnet, und den Tag über an der Klingelschnur zu Hause.

(Theodor Fontane)

Spiel, Spaß und Abwechslung

Beute in den eigenen vier Wänden

Eine Wohnungskatze muss nicht jagen, um zu überleben. Ihre „Mäuse" kommen aus der Dose oder aus dem Beutel. Dennoch sagt der Instinkt auch einem wohlversorgten Stubentiger, dass er jagen muss, um Beute zu machen. Die Katze ist instinktiv angespannt, sobald sie wach ist, damit ihr ja kein Mäuschen entgeht. Irgendwann entlädt sich diese ganze angestaute Spannung in einem großen Energieausbruch: Die Katze bekommt ihre verrückten fünf Minuten, in denen sie ohne Rücksicht auf das, was ihr in den Weg gerät, durch die Wohnung tobt. Über Tische und Sessel, Schränke und Kratzbäume hinauf und wieder hinunter.

Hier sind Sie gefragt. Bieten Sie Ersatzbeute an. Spielen Sie ausgiebig mit Ihrer Katze. Sonst ist sie unausgelastet, gelangweilt und macht ihrem Unmut Luft. Es kann passieren, dass Teile der Einrichtung, der Dekoration oder gar von Ihnen selbst zu Schaden kommen. Unterforderte Katzen werden schnell übergewichtig und manchmal auch aggressiv.

Spielzeug ist alles, was kullert, springt, sich bewegt: Walnüsse, Sektkorken, Tischtennisbälle oder ein Bogen Zeitungspapier auf dem Boden, Fellmäuse, Bällchen, „Katzenangeln", Hängespielzeug für den Türrahmen oder Kratzbaum und Labyrinthe mit beweglichen, „gefangenen" Bällen. Entfernen Sie bitte Teile aus Plastik oder Metall, damit Ihre Katze diese nicht verschluckt und sich daran verletzt.

Wenn Sie das nächste Mal eine leichte Hose ausrangieren, trennen Sie ein Hosenbein ab und schneiden Sie es bis zum Knie in schmale Streifen, die Ihre Katze jagen und zerfetzen kann, während Sie am anderen Ende sanft dagegenziehen. Auch lange Papierstreifen eignen sich hierzu hervorragend.

Alte Socken lassen sich mit Katzenminze (im Handel auch als Catnip erhältlich) füllen und zusammenknoten. Papiertüten mit abgeschnittenen Henkeln sind ebenfalls ein tolles Spielzeug. Stellen Sie eine Tüte in den Raum, werfen Sie ein Spielzeug hinein. Ihre Katze wird hinterherspringen und die Tüte mit viel Vergnügen zerfetzen.

Ihrer Kreativität sind keine Grenzen gesetzt. Probieren Sie einfach aus, was Ihre Katze am liebsten mag.

Einige Katzen entwickeln jedoch seltsame Vorlieben und knabbern Gummibänder, Aluminiumfolie und Ähnliches an. Solche „Spielsachen" müssen Sie umgehend aus dem Verkehr ziehen.

Ist Ihre Katze der schüchterne Typ? Dann ist laute Beute sicherlich nicht geeignet. Ein

Die erste „Ersatzmaus" ist gefangen. Ob da wohl noch eine hinterherkommt? (Foto: Schanz)

Naturdroge Katzenminze

Katzenminze können Sie auf dem Balkon pflanzen oder fein geschnitten im Fachhandel kaufen. Die Pflanze versetzt die meisten Katzen in einen völlig ungefährlichen Rauschzustand und beschert ihnen schönste Glücksmomente. Sogar ungeliebtes Futter lässt sich manchmal damit aromatisieren. Es gibt auch bereits fertig beduftetes Spielzeug.

Um die Attraktivität zu erhalten, sollten Sie Katzenminze nicht jeden Tag anbieten, sonst nutzt sich die Anziehungskraft ab. Gönnen Sie Ihrer Katze lieber zwei oder drei „Rauscheinheiten" pro Woche, dann ist die Freude jedes Mal groß.

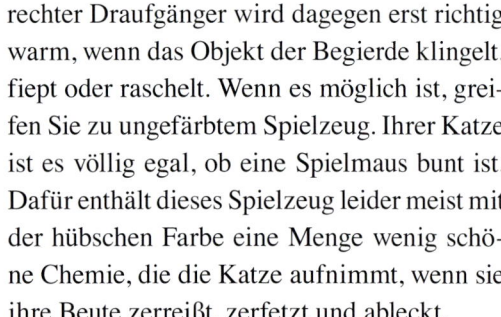

rechter Draufgänger wird dagegen erst richtig warm, wenn das Objekt der Begierde klingelt, fiept oder raschelt. Wenn es möglich ist, greifen Sie zu ungefärbtem Spielzeug. Ihrer Katze ist es völlig egal, ob eine Spielmaus bunt ist. Dafür enthält dieses Spielzeug leider meist mit der hübschen Farbe eine Menge wenig schöne Chemie, die die Katze aufnimmt, wenn sie ihre Beute zerreißt, zerfetzt und ableckt.

Richtig spielen

Werfen Sie Spielzeug vorsichtig und natürlich niemals direkt auf Ihre Katze oder schießen Sie es über den Boden. Eine Katzenangel kann man aus einem Zweig und einer langen Kordel selbst herstellen. Knoten Sie das Ende dieser Kordel zu einem dicken Knubbel zusammen oder binden Sie Stofffetzen oder Papierstreifen daran fest. Sie können dann ganz

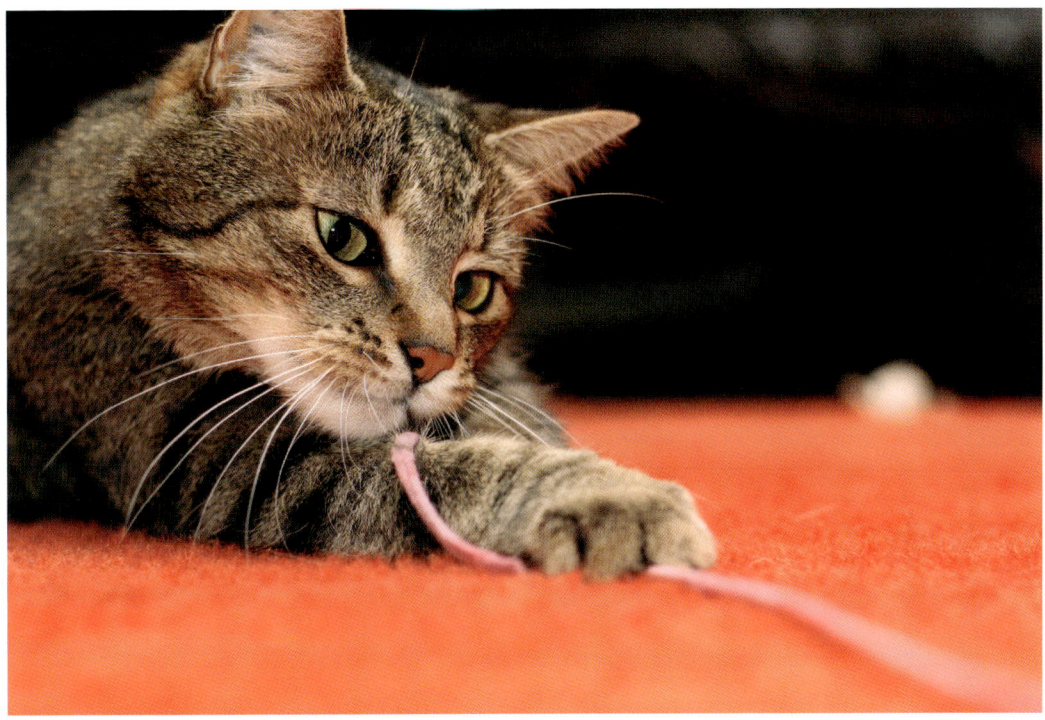

Ein einfaches Band oder eine „Katzenangel" zu fangen macht erst dann richtig Spaß, wenn Sie am anderen Ende sacht dagegenziehen. (Foto: Vorbrich)

bequem sitzen bleiben und Ihre Katze das interessante Ende jagen lassen.

Lassen Sie vor allem immer nur wenige Spielzeuge liegen, packen Sie den Rest weg und tauschen Sie die Sachen nach einigen Tagen aus. Sonst findet Ihre Katze sie schnell langweilig. Haben Sie Hängespielzeug für den Türrahmen? Lassen Sie es von einem Rahmen zum nächsten wandern. Ihre Katze findet das spannend. Wenn Sie zufällig an einem herumliegenden Spielzeug vorbeikommen, schießen Sie es ein paar Meter weiter, selbst wenn keine Katze in der Nähe ist. Vielleicht hört sie das Geräusch und begibt sich auf die interessante Suche nach der Beute.

Führen Sie, wenn irgend möglich, regelmäßige Spielzeiten pro Tag ein. Verschaffen Sie Ihrer Katze Bewegung, indem Sie sie hinter dem Spielzeug herlaufen lassen. Stellen Sie

ihr aber auch knifflige Zuschnappaufgaben, indem Sie Kordeln unter dem Teppich oder dem Sofa herziehen.

Ärgern Sie Ihre Katze nie mit ihrem Spielzeug. Die Ersatzbeute muss am Ende immer gefangen werden können. Die Maus an der Angel, die auf ewig außer Reichweite bleibt, bringt weder Vergnügen noch Entspannung, sondern nur Frust.

Wenn die Katze kein Interesse mehr an dem Spiel zeigt, ist es an der Zeit, das Spielzeug bis zur nächsten Spieleinheit wegzuräumen.

Brechen Sie eine Spieleinheit nicht mitten in der schönsten Toberei ab. Ihre Katze wäre verwirrt und enttäuscht, dass sie ihre Spannung und Energie nicht geeignet umsetzen kann. Wenn Sie also nur wenig Zeit haben, verschieben Sie die Spielstunde auf einen späteren Zeitpunkt, aber holen Sie sie auf jeden

Auch mit Futter lässt sich prima spielen. (Foto: Schanz)

Kratzbäume mit kurzen Stämmen und vielen Ebenen eignen sich zwar nicht so gut zum Kratzen, aber prima für eine spannende Kletterpartie. (Foto: Schanz)

Fall schnellstmöglich nach. Je nach Alter und Veranlagung der Katze muss auch der Bewegungsfaktor bei der Spielstunde berücksichtigt werden. Manche Katzen drehen richtig auf und fegen wie Hochleistungssportler durch Ihre Wohnung. Im Galopp und mit vielen Sprüngen wird die Beute gejagt, bis die Katze sich so richtig ausgepowert hat.

Vor allem ältere, übergewichtige oder schüchterne Katzen beobachten das tobende Mäuschen aus ein wenig Entfernung gespannt, laufen dann aber höchstens langsam hinterher. Ihnen mag das wie Desinteresse vorkommen, aber in Wirklichkeit ist Ihre Katze ganz bei der Sache. Selbst das reine Beobachten der Beute oder das vorsichtige Hinterherlaufen unterhält Ihren Salonlöwen und baut Spannungen ab. Erst dann, wenn Ihre Katze ein Nickerchen einschiebt oder gelangweilt in die

andere Richtung schaut, ist aus ihrer Sicht die Spielstunde beendet.

Wenn Sie und Ihre Katze Spaß daran haben, kann auch das Clickertraining eine hervorragende Beschäftigungsmöglichkeit sein, die Körper und Geist fordert. Gute Literatur finden Sie auf Seite 78.

Jagdbeute für den Magen

Trockenfutter eignet sich gut als Spielzeug. Es kann geworfen oder auf einem Kletterbaum deponiert werden; dann fängt Ihre Katze eine Beute, die sie fressen kann. Es lässt sich auch ausgezeichnet in kleineren Schachteln oder hohlen Bällen (zum Beispiel einem alten Tennisball mit einem ausreichend großen Loch für die Pfote) deponieren. Denken Sie aber bitte daran, diese Beute von der nächsten Futterration abzuziehen. Ein Leckerchen oder

Gespannt wartet Ihr Salonlöwe auf das, was kommen mag. (Foto: Vorbrich)

einige Bröckchen Trockenfutter in einer leeren Papprolle (etwa vom Küchenpapier), die an beiden Enden nach innen gedrückt wurde und das Leckerchen so versteckt, kann Ihre Katze stundenlang beschäftigen.

Unterhaltungsprogramm

Eine Katze, die sich nur im begrenzten Raum Ihrer Wohnung aufhält, benötigt Unterhaltung. Draußen würde sie regelmäßig ihr Revier abgehen, Duftmarken erneuern, Mauselöcher überprüfen, Artgenossen begrüßen oder verscheuchen. Als Wohnungskatze werden ihr alle diese Möglichkeiten genommen, und es muss ein adäquater Ersatz geschaffen werden, damit Ihre Katze nicht gelangweilt, depressiv oder aggressiv wird.

Der regelmäßige Kontrollgang

Ihre Katze verbringt einen großen Teil ihrer aktiven, also wachen Zeit damit, die Wohnung zu durchstreifen und überall nach dem Rechten zu sehen. Sie wandert ihre Lieblingsplätze ab und erneuert ihre Duftmarkierungen durch ausgiebiges Reiben von Kopf und Körper an den entsprechenden Stellen.

Überdies begutachtet sie alle möglichen Verstecke und interessanten Plätze. Ist heute vielleicht doch zufällig ein Mäuschen unter dem Sofa? Kann ich die Wollmaus unter dem Schrank angeln, wenn ich mich nur dünn genug mache? Sind endlich Schmetterlinge oder Fliegen in den Pflanzen auf der Fensterbank? Schade, nein, aber hin und wieder nachschauen kostet ja nichts. Also nachher noch mal. Ein Blick aus jedem Fenster, ob vielleicht heute statt der Menschen einmal Eichhörn-

Kaum ein Karton ist Ihrer Katze zu klein. Irgendwie passt sie schon hinein. (Foto: Vorbrich)

chen oder Kaninchen über die Straße laufen? Zeitungsstapel umsortieren, das Kopfkissen gerade rücken, vielleicht sogar die Welt hinter der Spiegelscheibe kontrollieren. Ein Karton im Flur, ein Einkaufskorb an ungewohnter Stelle, ein herumstehender Wäschekorb müssen genau untersucht werden.

Kleine Geschenke erhalten die Freundschaft

Sie sehen, Ihre Katze hat eine Menge zu tun. Jedenfalls dann, wenn Sie ihr genügend Möglichkeiten geben. Klar, dass Möbel auf Füßen mehr Möglichkeiten bieten als solche, die dicht auf dem Fußboden stehen. Fensterbänke mit einigen stabilen Blumentöpfen sind interessanter als kahle Marmorflächen. Schränke in unterschiedlichen Höhen mit begehbaren Oberseiten und Dekoration, die auch mal umgekippt werden darf, machen viel mehr Spaß als eine deckenhohe Schrankwand.

Teppiche, Läufer und Matten animieren zum Darunterschauen und sind attraktiver als einheitliche Flächen aus Keramik, Holz, Laminat oder Auslegware.

Je mehr solche Möglichkeiten Sie Ihrer Katze bieten, desto mehr Abwechslung hat sie. Und desto wohler fühlt sie sich bei Ihnen.

Kleine Geschenke erhalten die Freundschaft – auch die Ihrer Katze. Sie freut sich über jede Kleinigkeit, die Sie ihr ins Haus bringen, kommen doch so aufregende Düfte und spannende Möglichkeiten in den Katzenalltag.

Mit wenigen Dingen können Sie Ihre Katze so glücklich machen wie mit einem einfachen Pappkarton. Kartons sind immer willkommen, egal ob große Kisten oder kleine Schachteln. Kaum ein Karton ist zu klein, um nicht wenigstens probeweise in ein Katzenbett verwandelt zu werden. Legen Sie den Karton

Mitgebrachte, fliegende Blätter mit wippenden Zipfeln und interessantem Duft sind ein Abenteuer für Ihre Wohnungs-katze. Sammeln Sie diese Blätter aber bitte nicht unbedingt rund um den Baumstamm, an dem Hunde beim Gassigehen gern stehen bleiben. (Foto: Schanz)

zusätzlich mit einigen Lagen Einwickelpapier aus und werfen Sie ein Mäuschen oder ein anderes Spielzeug hinein. Sie werden erleben, wie viel Freude Ihr Raubtier beim Erlegen der Beute und gleichzeitigen Zerfetzen des Papiers hat.

Achtung: Kartons, in denen Obst oder Gemüse in den Handel kommen, sind nicht ganz ungefährlich. Oft werden sie mit Giften begast, die Schädlinge abtöten sollen. Das kann auch für Ihren Stubentiger lebensgefährlich sein. Lassen Sie also diese Kartons für Lebensmittel lieber vor der Wohnungstür, es gibt ja genügend Alternativen, oder besorgen Sie Ihren Katzenspielzeugkarton im Bioladen.

Auch von einem Spaziergang lassen sich allerhand Dinge mitbringen, die Ihrer Katze zumindest kurzzeitig viel Freude bereiten. Ein frisches Grasbüschel, Federn, Gänseblüm-

chen, ein Rindenstück oder auch ein kleiner Zweig aus dem Wald duften unwiderstehlich und viel aufregender als alles, was gerade in der Wohnung zu finden ist. Sammeln Sie im Herbst Kastanien, Haselnüsse oder Eicheln. So haben Sie einen kostenlosen und aufregenden Spielzeugvorrat. Alles, was neu ist und von draußen kommt, wird von Ihrer Katze begrüßt. Diese Mitbringsel haben zusätzlich den Vorteil, dass Ihre Katze hin und wieder mit fremden Gerüchen konfrontiert wird. So erweitert sie ganz nebenbei ihren Erfahrungshorizont und lässt sich nicht mehr so leicht aus der Fassung bringen, wenn plötzlich Neuerungen in ihrem Leben auftauchen.

Sie können noch mehr für Ihre Katze tun, indem Sie ihr ein Katzenkino anbieten. Die einfachste Variante ist ein Blick in den Hof oder den Garten. Wenn Sie Eichhörnchen in der Nähe haben, werfen Sie hin und wieder

So kann Ihr Stubentiger etwas Freiheit und frische Luft genießen, ohne dass Sie sich Sorgen machen müssen. (Foto: Schanz)

Die allermeisten Katzen haben ruck, zuck raus, wie eine Katzenklappe funktioniert. (Foto: Bosse)

ein Paar Nüsse hin. Ihre Katze kann sich mit der Beobachtung eines so aufregenden Ortes ganze Stunden vertreiben. Von Langeweile keine Spur.

Auch ein Aquarium in der Wohnung ist ein richtiges Katzenkino. Es muss natürlich gut abgedeckt sein, sonst angelt sich Ihre Katze ihr Abendessen in Zukunft selbst. Und es muss rundum für alle Katzen genügend Platz für einen kurzweiligen Beobachtungsposten haben.

Die kleine Freiheit

Einen Balkon können Sie mit einem Katzennetz ausbruchsicher gestalten. Ist Ihre Katze älter oder von besonders ruhiger Natur, reicht vielleicht sogar ein halbhohes Netz.

Verfügen Sie über eine Terrasse, haben Sie diese vielleicht ohnehin mit einem stabilen hölzernen Schutz gegen Einblick und Lärm ausgestattet. Um zu verhindern, dass Ihre Katze

darüberklettert, können Sie an der Oberkante, nach innen eingewinkelt, einen etwa 30 Zentimeter breiten Streifen Katzennetz anbringen. Möchten Sie auf eine offene Terrasse nicht verzichten, bietet sich ein halbhohes Zäunchen aus Holz oder Metall mit einer zusätzlichen Sicherung durch einen Elektrozaun (Weidezaun, Erdung nicht vergessen!) oder einen im Zoohandel erhältlichen sogenannten Petfence an.

Schluss mit dem Türdienst

Die für Sie unbequemste Möglichkeit ist es, den Türöffner für Ihre Katze zu spielen. In der wärmeren Jahreszeit können Sie die Balkon- oder Terrassentür oder das mit Feststellern gesicherte Fenster möglicherweise geöffnet lassen. Eine weitere Möglichkeit ist der Einbau einer Katzenklappe. Dies ist allerdings nur dann wirklich praktikabel, wenn Sie eine geteilte Tür mit Holz- oder Kunststoffverkleidung im unteren Bereich haben oder eine Tür ohne Isolierverglasung.

Neben einem Tisch und Stühlen für sich selbst sollten Sie auch „Möbel" für Ihre Katze auf dem Balkon unterbringen. (Foto: Schanz)

Bei einer komplett aus Isolierglas bestehenden Tür ist der Einbau einer Klappe sehr aufwendig und teuer. Hier besteht die Möglichkeit, die vorhandene Glasscheibe von einem Glaser oder Schreiner durch eine kürzere auszutauschen und unten ein Holz- oder Kunststoffinlay einzubauen, in das dann die Katzenklappe integriert wird. Wenn Sie ausziehen, können Sie einfach die alte Scheibe wieder einbauen lassen. Das Ganze ist zwar kostspielig, aber dafür wird es im heißen Sommer nicht zu warm in der Wohnung und im Winter sparen Sie jede Menge Heizkosten.

Wenn Sie die Tür aber einfach offen lassen möchten, sorgen Sie bitte für einen zuverlässigen Türstopper, der das Zuschlagen bei plötzlichem Durchzug verhindert.

Freisitz zum Träumen

Klar, dass ein Freisitz Ihrer Katze erst dann richtig Spaß macht, wenn er ihren Bedürfnissen entsprechend eingerichtet ist. Optimal ist ein stabiler hoher Kletterbaum mit mehreren Plattformen und einigen Liegeflächen sowie vielleicht eine Höhle, die auf einen Tisch oder einen stabilen Fuß gestellt ist. Dazu Blumenkübel mit allerlei Kräutern und Schatten spendenden größeren Pflanzen. Wenn Sie keine richtige Wiese als Gehegeboden haben, denken Sie mindestens an eine Wanne mit Gras und stellen Sie eine interessante Wasserquelle auf. Außerdem freut sich Ihre Katze, wenn Sie eine kleine Fläche mit Steinen (zum Beispiel dicht aneinandergelegte Tonziegel oder ein größeres Stück Sandstein oder Schiefer) auslegen, damit sie sich in der warmen Sonne wälzen kann.

Um das Glück Ihrer Katze perfekt zu machen, legen Sie ein Stück Baumstamm von mindestens einem Meter Länge, gegen Wegrollen gesichert, auf den Boden, oder befestigen Sie ihn stabil an der Wand oder in einer Ecke des Geheges. Ihre Katze hat einen echten Baum zum Kratzen und wird ihn ausgiebig nutzen.

Anhang

Tipps zum Weiterlesen

Braun, Martina:
Kätzisch für Nichtkatzen.
Schwarzenbek: Cadmos, 2007.

Dbalý, Helena/Sigl, Stefanie:
Das Spielebuch für Katzen.
Schwarzenbek: Cadmos, 2008.

Landwerth, Lena:
Ratgeber Katzenfütterung.
Schwarzenbek: Cadmos, 2012.

Leiendecker, Nadine:
BARF für Katzen.
Schwarzenbek: Cadmos, 2010.

Schroll, Sabine:
Wenn Katzen Kummer machen.
Schwarzenbek: Cadmos, 2009.

Streicher, Dr. Michael:
Erste Hilfe für meine Katze.
Schwarzenbek: Cadmos, 2011.

Vorbrich, Susanne:
Ein Katzenkind kommt ins Haus.
Schwarzenbek: Cadmos, 2007.

Vorbrich, Susanne:
Wenn Katzen älter werden.
Schwarzenbek: Cadmos, 2006.

Wendt, Marlitt:
Wie Katzen ticken.
Schwarzenbek: Cadmos, 2011.

Kontakt zur Autorin

susanne@vorbrich.de

Register

CADMOS *Katzenbücher*

Boris Ehret / Sabine Wamper

Bengalkatze

Die Bengalkatze ist eine in Europa noch recht junge Rassekatze, die sich immer größerer Beliebtheit erfreut. Dieses Buch informiert über die wilden Vorfahren, den einzigartigen Charakter und den Rassestandard dieser wunderschönen Leoparden im Kleinformat. Ein faszinierend bebildertes Rasseporträt, geschrieben von zwei erfahrenen Züchtern.

96 Seiten, farbig, broschiert
ISBN 978-3-8404-4011-3

Helena Dbalý / Stefanie Sigl
Das Spielebuch für Katzen

Katzen müssen spielen – damit sie sich wohlfühlen, körperlich und geistig fit bleiben und keine Verhaltensauffälligkeiten entwickeln. Viele Hauskatzen langweilen sich und leiden unter der mangelnden Fantasie ihrer Menschen. Das wird mit diesem Buch anders! Eine Fülle kreativer Spielideen garantiert Spannung und Abwechslung für Menschen und Katzen jeden Alters.

112 Seiten, farbig, broschiert
ISBN 978-3-86127-133-8

Sabine Schroll
Wenn Katzen Kummer machen

Dieses Buch erklärt die wichtigsten Verhaltensprobleme der Katze wie Unsauberkeit, Kratzmarkieren, Harnmarkieren, Angststörungen und andere mehr und zeigt Lösungsmöglichkeiten auf. Wer seine Katze besser versteht, hat den ersten Schritt getan, um Probleme dauerhaft beheben und das Zusammenleben wieder harmonisch gestalten zu können.

96 Seiten, farbig, broschiert
ISBN 978-3-86127-137-6

Martina Stark
Das Bachblütenbuch für Katzen

Auch bei Katzen bewähren sich Bachblüten als ebenso sanfte wie effektive Helfer bei negativen Gemütszuständen, Verhaltensauffälligkeiten und körperlichen Krankheiten. Dieses Buch beschreibt ausführlich alle 38 Essenzen und ihre Anwendung bei Problemen unserer Samtpfoten

128 Seiten, farbig, broschiert
ISBN 978-3-86127-121-5.

Traute Cramer
Wenn Katzen kochen könnten

Auch bei Katzen geht Liebe durch den Magen. Wenn ihr „Dosenöffner" ihnen etwas Selbstgekochtes präsentiert, erweisen sie sich als echte Gourmets. Dieses Buch präsentiert eine Vielzahl köstlicher Rezepte für zwischendurch oder für besondere Gelegenheiten. Übrigens: Die meisten von ihnen eignen sich in leichter Abwandlung auch für Zweibeiner!

80 Seiten, farbig, broschiert
ISBN 978-3-8404-4005-2

Cadmos Verlag GmbH · Möllner Straße 47 · 21493 Schwarzenbek
Tel. 04151 87 90 7 - 0 · Fax 04151 87 90 7 - 12 · www.cadmos.de